DK 668.395:678.744
 668.395:678.744.422
 668.395:678.744.534
 668.395:678.745.3
 668.395:678.632
 678.029.4/5:669.1/.8:621.922

FORSCHUNGSBERICHTE
DES LANDES NORDRHEIN-WESTFALEN

Herausgegeben durch das Kultusministerium

Nr. 844

Prof. Dr.-Ing. Otto Kienzle
Dipl.-Ing. Klaus Greiner

Hannoversches Forschungsinstitut für Fertigungsfragen e.V.
Technische Hochschule Hannover

Festigkeitsuntersuchungen an Klebverbindungen zwischen Schleif- und Tragkörpern

Als Manuskript gedruckt

WESTDEUTSCHER VERLAG / KÖLN UND OPLADEN

1960

ISBN 978-3-663-03647-0   ISBN 978-3-663-04836-7 (eBook)
DOI 10.1007/978-3-663-04836-7

Gliederung

Teil I

1. Einführung .... S. 9
   - 1.1 Prüfverfahren .... S. 9
   - 1.2 Klebstoffe .... S. 11
2. Zugversuche .... S. 12
   - 2.1 Versuchsanordnung und Versuchsdurchführung .... S. 12
   - 2.2 Versuchsergebnisse .... S. 21
     - 2.21 Einfluß der Fugendicke .... S. 21
     - 2.22 Einfluß der Belastungsgeschwindigkeit .... S. 24
     - 2.23 Einfluß der Beanspruchungstemperatur .... S. 26
     - 2.24 Einfluß klebungsvorbereitender Maßnahmen ..... S. 31
       - 2.241 Einfluß der offenen Zeit .... S. 32
       - 2.242 Einfluß der Härtezeit .... S. 33
       - 2.243 Einfluß der Abkühlungsgeschwindigkeit .... S. 35
     - 2.25 Einfluß der Werkstoffe der Fügeteile .... S. 36
       - 2.251 Einfluß der linearen Wärmeausdehnung ..... S. 37
       - 2.252 Ermittlung des linearen Wärmeausdehnungskoeffizienten von Schleifkörpern aus NK 30 N. S. 39
       - 2.253 Einfluß der Oberflächenrauheit .... S. 42
3. Scherversuche .... S. 49
   - 3.1 Versuchsanordnung und Versuchsdurchführung .... S. 49
   - 3.2 Versuchsergebnisse .... S. 50
     - 3.21 Einfluß der Einwirkungsdauer des Kühlmittels . S. 52
     - 3.22 Einfluß der Kühlmittelart .... S. 56
     - 3.23 Einfluß des Kühlmittels bei freiem Luftzutritt S. 56
     - 3.24 Einfluß der Alterung .... S. 59
     - 3.25 Scherfestigkeit aufgeklebter Segmente am Prüfstand für schnellumlaufende Werkzeuge ermittelt .... S. 60
   - 3.3 Schlagzugversuche .... S. 62
     - 3.31 Versuchsanordnung und Versuchsdurchführung ... S. 62
     - 3.32 Versuchsergebnisse .... S. 64
4. Dauerversuche .... S. 65
5. Zusammenfassung .... S. 66

Anlage: Schaubilder .... S. 69

Literaturverzeichnis .... S. 91

Gliederung

Teil II

1. Allgemeines	S. 95
2. Gestaltung der Klebverbindung	S. 96
2.1 Fugendicke	S. 96
2.2 Oberfläche der Tragkörper	S. 96
2.3 Tragkörperwerkstoff	S. 97
3. Herstellung der Klebverbindung	S. 97
3.1 Vorbereitung der Fügeteile	S. 97
3.2 Ausführung der Klebung	S. 98
3.3 Hinweise zum Klebvorgang	S. 99
4. Auswahl des Klebstoffes	S. 99
4.1 Klebstoffe für Verbindungen, die bei Raumtemperatur ohne Kühlmitteleinwirkung beansprucht werden	S. 100
4.2 Klebstoffe für Verbindungen, die bei höheren Temperaturen ohne Kühlmitteleinwirkung beansprucht werden	S. 100
4.3 Klebstoffe für Verbindungen, die bei Raumtemperatur und unter Kühlmitteleinwirkung beansprucht werden	S. 100
5. Lagerung geklebter Schleifkörper	S. 101

Gliederung

Teil III

1. Allgemeines . . . . S. 103

2. Beweis der Theorie der halben Beanspruchung lochloser Scheiben gegenüber Scheiben mit kleinster Bohrung. . . . . S. 103

    2.1 Theoretische Grundlagen . . . . S. 104

        2.11 Durch Fliehkraft hervorgerufene Spannungen in umlaufenden Scheiben . . . . S. 104

        2.12 Die Spannungsverhältnisse bei Scheiben mit kleinster Bohrung und lochlosen Scheiben. . . . . S. 107

    2.2 Versuchsanordnung . . . . S. 108

    2.3 Versuchsdurchführung. . . . . S. 111

    2.4 Versuchsergebnisse. . . . . S. 112

        2.41 Das Verhältnis der Dehnungen . . . . S. 112

        2.42 Das Verhältnis der Bruchumfangsgeschwindigkeiten . S. 115

3. Festigkeit geklebter Konstruktionen . . . . S. 118

    3.1 Festigkeit gefüllter Scheiben . . . . S. 118

        3.11 Theoretische Grundlagen. . . . . S. 118

        3.12 Versuchsanordnung und Versuchsdurchführung . . . . S. 119

        3.13 Versuchsergebnisse . . . . S. 120

    3.2 Festigkeit planseitig aufgeklebter Scheiben mit Bohrung bei Beanspruchung auf Seitenlast und Schlag . . . . . . S. 123

Literaturverzeichnis . . . . S. 125

Kurzzeichen zu Teil I

C	=	Kondensatorkapazität	[$A \cdot V^{-1} \cdot s$]
D	=	Durchmesser der Klebefläche	[mm]
d	=	Abstand der Kondensatorplatten	[cm]
d_A	=	freie Fugendicke	[mm]
d_{Ew}	=	wirksame Eindringtiefe	[mm]
d_{Gw}	=	gesamte wirksame Fugendicke	[mm]
E	=	Elastizitätsmodul	[kg/mm^2]
F	=	Klebefläche	[mm^2]
f	=	Kondensatorfläche	[cm^2]
H	=	Halbwertszeit	[s]
k_e	=	elektrostatische Grundkonstante	[$A \cdot V \cdot s^{-1}$]
M_E	=	größte bezogene Ungenauigkeit bei der Eichung	[÷]
M_F	=	größte bezogene Ungenauigkeit bei der Messung	[÷]
m_s	=	Masse des Schleifkörpers	[$kg \cdot s^2/m$]
M_{max}	=	gesamte bezogene Ungenauigkeit	[÷]
P	=	Bruchlast	[kg]
p_H	=	Härtedruck	[kg/cm^2]
R	=	Oberflächenrauheit	[µ]
r_m	=	mittlerer Radius	[mm]
T	=	Zeitkonstante	[s]
T_o	=	Temperatur bei der offenen Zeit	[°C]
T_A	=	Temperatur nach der Abkühlung	[°C]
T_B	=	Beanspruchungstemperatur	[°C]
T_H	=	Härtetemperatur	[°C]
t	=	Zeit	[s]
t_o	=	offene Zeit	[s]
t_A	=	Abkühlzeit	[s]
t_H	=	Härtezeit	[s]
t_L	=	Lagerzeit	[h]
v	=	Spindelvorschub der Zerreissmaschine	[mm/min]
Z	=	Fliehkraft	[kg]
$ß_M$	=	lineare Wärmeausdehnungszahl des Metalls	[$mm/mm \cdot °C$]
$ß_K$	=	lineare Wärmeausdehnungszahl des Schleifkörpers	[$mm/mm \cdot °C$]
ε	=	Dehnung	[‰]
ε_{KS}	=	scheinbare Schleifkörperdehnung	[‰]
ε_{Kw}	=	wirkliche Schleifkörperdehnung	[‰]

ε_{St}	=	Dehnung von Stahl	[‰]
Θ_o	=	Anfangstemperatur des Thermoelementes	[°C]
Θ_K	=	Temperatur des Schleifkörpers	[°C]
Θ_T	=	Temperatur des Thermoelementes	[°C]
η	=	Zähigkeit	[g/cm·s]
σ_z	=	Zugspannung	[kg/mm²]
σ_{z_B}	=	Zugbruchfestigkeit	[kg/mm²]
T	=	Relaxationszeit	[s]
τ	=	Scherspannung	[kg/mm²]
τ_{Sch_B}	=	Scherbruchfestigkeit	[kg/mm²]
ϱ	=	Belastungsgeschwindigkeit	[kg/mm²·s]

Kurzzeichen zu Teil III

A	=	Integrationskonstante	[÷]
A_s	=	Schlagarbeit	[kg·m]
a	=	Dehnungsverhältnis	[÷]
B	=	Integrationskonstante	[÷]
b	=	Dehnungsverhältnis	[÷]
g	=	Erdbeschleunigung	[m/s^2]
M_b	=	Biegemoment	[m·kg]
m	=	Querdehnungszahl	[÷]
Q	=	Durchmesserverhältnis	[÷]
r_a	=	Schleifkörperaußenhalbmesser	[mm]
r_i	=	Bohrungshalbmesser des Schleifkörpers	[mm]
V_m	=	Durch Material ausgefüllter Volumenanteil	[÷]
V_p	=	Durch Poren ausgefüllter Volumenanteil	[÷]
v_B	=	Bruchumfangsgeschwindigkeit	[m/s]
v_{B_o}	=	Bruchumfangsgeschwindigkeit einer lochlosen Scheibe	[m/s]
v_{B_b}	=	Bruchumfangsgeschwindigkeit gelochter Scheiben	[m/s]
γ	=	spezifisches Gewicht	[g/mm^3]
ε_{t_i}	=	errechnete Tangentialdehnung am Bohrungsinnenrand	[÷]
ε_{t_o}	=	errechnete Tangentialdehnung im Scheibenmittelpunkt der lochlosen Scheibe	[÷]
ε_{t_i}	=	gemessene Tangentialdehnung am Bohrungsinnenrand	[÷]
ε_{t_o}	=	gemessene Tangentialdehnung im Mittelpunkt der lochlosen Scheibe	[÷]
$\sigma_{t_{x_b}}$	=	Tangentialdehnung im Abstand r_x vom Mittelpunkt der gelochten Scheibe	[÷]
σ_{r_o}	=	Radialspannung im Mittelpunkt der lochlosen Scheibe	[kg/mm^2]
σ_{t_i}	=	Tangentialspannung am Bohrungsrand einer gelochten Scheibe	[kg/mm^2]
σ_{t_o}	=	Tangentialspannung im Mittelpunkt der lochlosen Scheibe	[kg/mm^2]
$\sigma_{t_{x_b}}$	=	Tangentialspannung im Abstand r_x vom Mittelpunkt der gelochten Scheibe	[kg/mm^2]
$\sigma_{t_{x_o}}$	=	Tangentialspannung im Abstand r_x vom Mittelpunkt der lochlosen Scheibe	[kg/mm^2]

Teil I

Klebfestigkeitsuntersuchungen an Prüfkörpern

1. Einführung

Bei den in jüngster Zeit entwickelten hochmolekularen, synthetischen Kunststoffen gelang es, die Klebverfahren entscheidend zu verbessern. Für die Schleifmittelindustrie eröffnet die hochfeste Klebverbindung neue Entwicklungswege, vor allem in zwei Richtungen: die zur Aufnahme der Schleifscheibe notwendige Bohrung kann fortfallen und durch lochlose Scheiben die Betriebsgeschwindigkeit beträchtlich gesteigert werden; die Fertigung, besonders kleiner Schleifkörper wird einfacher.

Welche Klebstoffe für das Aufkleben von Schleifkörpern auf metallische Tragkörper geeignet sind und über das Verhalten der Klebverbindung im Betrieb ist bisher noch wenig bekannt. Aus diesem Anlaß wurden im Institut für Werkzeugmaschinen und Umformtechnik der Technischen Hochschule Hannover eingehende Untersuchungen über die Festigkeit von Klebverbindungen zwischen Schleif- und Tragkörpern angestellt, über deren Ergebnis berichtet wird. Der Bericht ist in drei Hauptabschnitte unterteilt. Im ersten Teil wird über die verschiedenen Einflüsse berichtet, die die Festigkeit der Klebverbindung beeinträchtigen können. Aus ihm leitet sich der zweite Teil ab, in dem die gewonnenen Erkenntnisse zu allgemeinen Richtlinien über die Herstellung der Klebverbindung, die geeigneten Klebstoffe zusammengefaßt werden. Der dritte Teil befaßt sich mit der Festigkeit geklebter Konstruktionen und untersucht insbesondere das Verhalten lochloser Scheiben bei der Beanspruchung durch Fliehkräfte.

1.1 Prüfverfahren

Ursprünglich bestand die Absicht, die Bruchfestigkeit der Klebverbindungen in den verschiedensten Abhängigkeiten bei Beanspruchung auf Zug, Scherung und Biegung statisch und auf Schlag dynamisch so betriebsnah wie möglich zu untersuchen. Die ersten Versuche zeigten aber gleich eindeutig, daß die meisten verwendeten Klebstoffe die Schleifkörper hinsichtlich ihrer Festigkeit übertreffen. Es mußte deswegen zunächst nach neuen Prüfverfahren gesucht werden, die trotzdem Aussagen über das Festigkeitsverhalten der Klebverbindung ermöglichten, d.h. unabhängig von der Bruchfestigkeit waren.

Die Überlegung, dabei auf die Messung der Dehnung der Klebfuge zurückzugreifen, lag nahe, da durch die Ermittlung eines Spannungs-Dehnungsschaubildes sehr wohl Aussagen über das Festigkeitsverhalten einer Klebverbindung gemacht werden können, die durchaus die Ermittlung der Bruchfestigkeit ersetzen und darüber hinaus noch die Erfassung der Streckgrenze und des Fließverhaltens gestatten, so daß bei den Untersuchungen auch der zeitliche Einfluß auf die Festigkeit berücksichtigt werden kann, der ganz besonders bei hochpolymeren Verbindungen von überragender Bedeutung ist.

Auf diese Methode der Aussage über die Festigkeit der Klebverbindung durch Ermittlung der Bruchlast wurde nur dann zurückgegriffen, wenn ein Einfluß veränderlicher Größe vorlag, der die Bruchfestigkeit der Klebverbindung so weit herabsetzte, daß sie unterhalb der Schleifkörperfestigkeit lag und dadurch meßbar wurde. Solche Einflüsse traten in Form höherer Temperaturen und chemischer Einwirkungen auf.

Es ist in der folgenden Ausführung fast immer von der Klebverbindung und weniger von der Klebfuge die Rede, jedenfalls immer dann, wenn von der Bruchfestigkeit gesprochen wird, weil es vom Standpunkt der Sicherheit des Klebverfahrens, wenigstens soweit es dieses Einsatzgebiet betrifft, erst von sekundärer Bedeutung ist, ob das Versagen der Verbindung auf ein Versagen der Adhäsion oder der Kohäsion des Klebstoffes zurückzuführen ist und terminologisch streng genommen für die Festigkeit der Fuge allein nur die Kohäsion verantwortlich ist, die Adhäsion aber die Haftung der Fuge an den Fügeteilen bestimmt. Es wird jedoch bei Angabe der Bruchfestigkeit darauf hingewiesen werden, welcher von diesen beiden physikalischen Erscheinungen der Bruch zuzuschreiben ist.

Auf Grund dieser Überlegungen wurde der Einfluß der Fugendicke, der Belastungsgeschwindigkeit und der Temperatur durch Aufnahme des Spannungs-Dehnungsschaubildes ermittelt, der Einfluß chemischer Einwirkung aber durch Messung der Bruchlast.

Für die Ermittlung der Spannungs-Dehnungsschaubilder wurde aus meßtechnischen Gründen der Zugversuch bevorzugt, für die übrigen Messungen der Scherversuch, weil er betriebsnaher ist. Anschließend an diese statischen Untersuchungen wurden Versuche umlaufend am Prüfstand für schnellumlaufende Werkzeuge durchgeführt, die in völligem Einklang mit den betrieblichen Verhältnissen standen.

1.2 Klebstoffe

Eine entscheidende Verbesserung der Klebverfahren ganz allgemein, wurde erst durch die Schaffung hochmolekularer synthetischer Kunststoffe in jüngster Zeit möglich. Es liegt deswegen auf der Hand, daß in den folgenden Untersuchungen nur synthetische hochpolymere Verbindungen eingesetzt wurden. Hochmolekulare Kunststoffe deswegen, weil die Kohäsionskraft mit der Molekülgröße zunimmt; nun verschlechtert sich zwar mit wachsender Molekülgröße die Löslichkeit des Stoffes, da aber in diesem besonderen Fall der Anwendung des Klebeverfahrens nur härtbare oder äußerstenfalls noch thermoplastische Kunstharze verwendet wurden aus Gründen, die gleich noch erwähnt werden, spielt die Löslichkeit keine Rolle.

Im ganzen gesehen, muß danach gestrebt werden, die Klebverbindung, das stärkste Glied der Konstruktion werden zu lassen; das setzt bei festen Fügeteilen hochfeste und damit hochmolekulare Klebstoffe voraus. Diese Forderung kann aber nur durch härtbare Harze und bestenfalls noch durch einige wenige Thermoplaste erfüllt werden. Allerdings besteht in den meisten Fällen die Gefahr, daß mit wachsender Molekülgröße die Adhäsion zugunsten der Kohäsion zurückgeht. Es ist dann aber auch gleichzeitig die Möglichkeit gegeben, einen Ausgleich durch Zugabe niederpolymerer Bestandteile zum Klebstoff zu schaffen, welche die Adhäsion verstärken und bei richtiger Dosierung keinen negativen Einfluß auf die Kohäsion haben, weil sie beim Abbinden der Fuge bestrebt sind, an die Trennflächen zu wandern.

Diese kurzen Ausführungen mögen dazu dienen, neu auf den Markt gelangende Klebstoffe auf ihre Verwendungsmöglichkeit in diesem Einsatzbereich rascher zu beurteilen.

Über die Einteilung synthetischer Klebstoffe wurde schon viel geschrieben, meist mit dem Ergebnis, sie gemäß ihrer chemischen Konstitution zu gruppieren. Da zur Verklebung von Schleifkörpern auf metallische Tragkörper auch in näherer Zukunft nur härtbare und thermoplastische Kunststoffe infrage kommen, wobei letztere vielleicht später durch hochenergetische Bestrahlung der Fuge räumlich vernetzt werden können, liegt die Einteilung in thermoplastische und thermoelastische Klebstoffe bereits fest.

Der Begriff Thermoelast wird den spezifischen Kunststoffeigenschaften der darunter zu verstehenden hochpolymeren Stoffe eher gerecht als der Ausdruck härtbarer Kunststoff, da unvernetzte teilkristalline hochmole-

kulare Stoffe auch ohne chemische Veränderung gehärtet werden können [22].
Auf eine bessere Unterscheidung zwischen vernetzten und unvernetzten
Kunststoffen durch diese beiden Begriffe hat insbesondere LEUCHS hingewiesen [32].

In die Untersuchungen wurden folgende Klebstoffe einbezogen:

thermoplastische Klebstoffe:
Polyvinylacetat in Pulverform und
eine Klebefolie aus Butyraldehyd,

thermoelastische Klebstoffe:
Äthoxylinharze, die heiß oder kalt härtbar sind und durch Einbau von
zur Härtung vorgebildeter Gruppen mit Hilfe eines reaktionsfähigen Härtungsmittels vernetzen.
Polyurethane, Additionsprodukte aus Polyalkohol mit polyfunktionellen
Isozyanaten,
Phenolformaldehyd-Kondensationsprodukte.

Die Viskosität der verwendeten Polyurethane mußte durch einen Füllstoff
(Quarzmehl) erhöht werden.

2. Zugversuche

Unter diesem Hauptabschnitt sind alle an Prüfkörpern vorgenommenen statischen Zugfestigkeitsuntersuchungen und die dazu verwendeten Versuchseinrichtungen beschrieben und die Versuchsergebnisse erläutert.

2.1 Versuchsanordnung und Versuchsdurchführung

Die Prüfung auf reine Zugfestigkeit fordert schon bei metallischen Werkstoffen eine biegemomentfreie Belastung; umsomehr muß diese Voraussetzung bei der Ermittlung der Zugfestigkeit von Klebverbindungen erfüllt
sein, da die in Verbindung mit Biegemomenten auftretenden Schälkräfte
besonders schädlich sind. Es wurde deswegen eine Vorrichtung ersonnen,
die dieser Forderung völlig genügte (Abb.1) und darüber hinaus ein rasches Auswechseln der Proben gestattete. Für eine biegemomentfreie Belastung sorgte je ein Kardangelenk an beiden Einspannenden der Probe,
wobei die Bolzen der Gelenke in Nadellagern so reibungsfrei wie möglich
gelagert wurden. Auf diese Weise wurde erreicht, daß die Klebefläche
immer senkrecht zur Lastrichtung stand, was durch Seile nicht sicher
genug erreicht worden wäre, da infolge der großen Reibung an den Verbindungsstellen ein Schrägstellen der Seile hätte eintreten können (Abb.2).

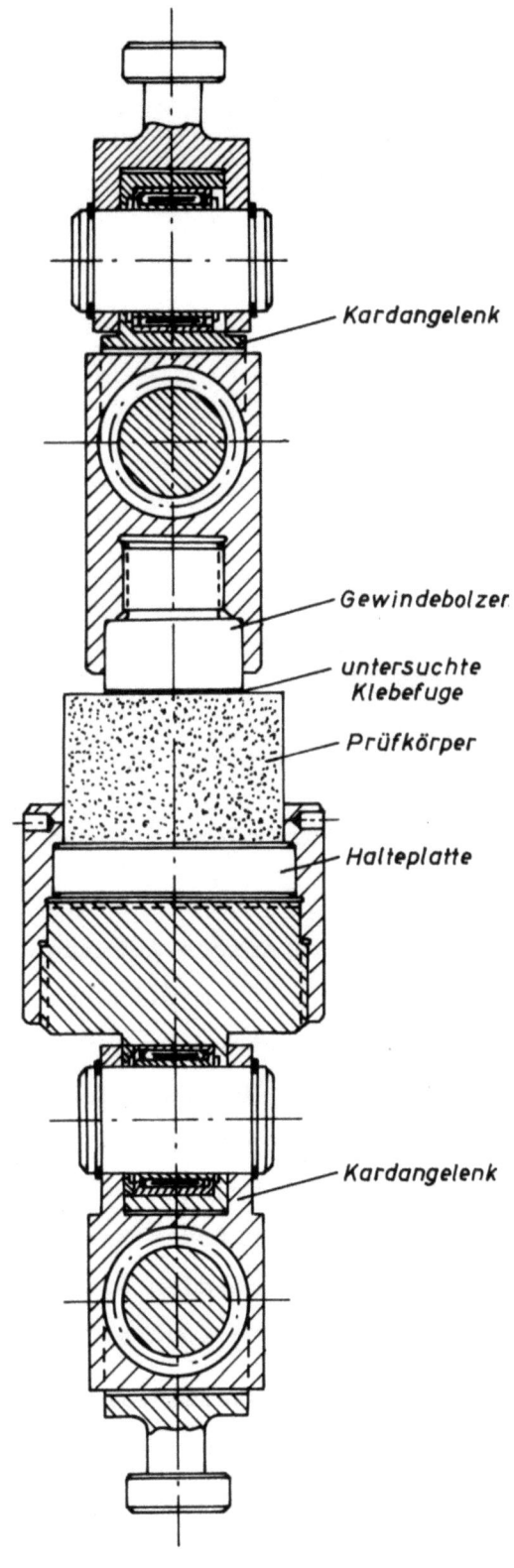

Abbildung 1

Zugvorrichtung

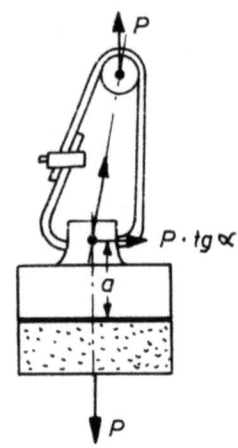

Abbildung 2

Lastübertragung durch Seile

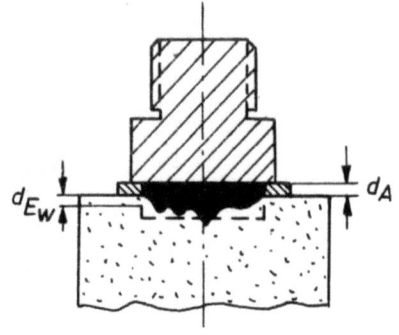

Abbildung 3

Fugendicke

Das damit verbundene Biegemoment

$$M_b = a \cdot P \cdot tg\alpha$$

hätte sich der reinen Zuglast überlagert und das Versuchergebnis nicht unerheblich beeinflußt.

Für die Versuche wurden runde, keramisch gebundene Schleifkörper aus Normalkorund Körnung 30, Härte N, 75 mm ⌀, 50 mm hoch verwendet, auf die ein Gewindebolzen und eine Halteplatte wie auf Abbildung 1 ersichtlich mit Hilfe der verschiedenen zu den Untersuchungen herangezogenen Klebstoffe aufgeklebt wurden. Die Halteplatte als zweiter aufgeklebter Tragkörper war aus versuchstechnischen Gründen notwendig. Ihre Klebefläche wurde aber so groß bemessen, daß der Bruch niemals an dieser Klebverbindung, sondern nur an der zu untersuchenden Klebstelle am Gewindebolzen oder im Schleifkörper selbst erfolgen konnte.

Der Gewindebolzen hatte an der Klebstelle einen Durchmesser von D = 48 mm und damit eine wirksame Klebefläche von F = 1810 mm^2. Eine kontrollierte Fugendicke wurde durch Zwischenschieben kleiner Distanzstücke erreicht (Abb.3). Die Definition der Fugendicke bereitet allerdings einige Schwierigkeiten, wenn man bedenkt, daß es sich bei Schleifkörpern allgemein, insbesondere aber bei Körnungen dieser Größenordnung und darüber um hochporöse Fügeteile handelt, in die der Klebstoff infolge der Kapillarwirkung eindringt, wie später noch zu sehen sein wird. Eine Vernachlässigung des eingedrungenen Klebstoffanteils ist unzulässig, insbesondere dann, wenn die Abhängigkeit der Bruchfestigkeit von der Fugendicke untersucht und die Dehnung der Fuge gemessen werden soll, die ja bezogen auf die absolute Fugendicke in Abhängigkeit der Belastung aufgetragen wird.

Die wirksame Eindringtiefe wurde in einem Parallelversuch ohne Distanzstücke und Vergleich der dabei erhaltenen Dehnung Δl_1 der Fuge mit der bei gleicher Spannung und unter Verwendung eines Distanzstückes bekannter Dicke ermittelten Dehnung Δl_2 ermittelt. Da die Dehnung in beiden Fällen innerhalb des elastischen Bereichs bestimmt wurde, gilt für beide Fälle das HOOKEsche Gesetz:

$$\sigma = E \cdot \varepsilon$$

Bei gleicher Spannung und jeweils demselben Klebstoff bzw. E-Modul muß dieselbe Dehnung ε vorliegen, die sich aus der Änderung der Fugendicke bezogen auf die ursprüngliche Fugendicke errechnet.

$$\varepsilon_1 = \frac{\Delta l_1}{d_{Ew}} \qquad \varepsilon_2 = \frac{\Delta l_2}{d_A + d_{Ew}}$$

und da

$$\varepsilon_1 = \varepsilon_2$$

sein muß, ergibt sich

$$\frac{\Delta l_1}{d_{Ew}} = \frac{\Delta l_2}{d_A + d_{Ew}}$$

damit

$$d_{Ew} = d_A \cdot \frac{\Delta l_1}{\Delta l_2 - \Delta l_1}$$

Die wirksame Eindringtiefe d_{Ew} wurde bei Aufstellung des Spannungs-Dehnungsschaubildes der Dicke d_A der Distanzstücke zugezählt und die Dehnung Δl auf die gesamte wirksame Fugendicke d_{Gw} bezogen. Eine genaue Ermittlung der wirksamen Eindringtiefe d_{Ew} ist nicht möglich, da die Porosität der Schleifkörper verschieden ist und außerdem die Höhe der Schleifkornspitzen eine Rolle spielt, auf welche die Tragkörperfläche bzw. Distanzstücke gerade zu liegen kommen.

Die Methode der Messung der Klebfugendehnung mit Hilfe eines MARTENSschen Spiegelmeßgerätes wäre zu zahlreichen Reihenuntersuchungen nicht geeignet gewesen und hätte darüber hinaus eine fortlaufende Messung während der Belastung, wie dies bei der Ermittlung des Einflusses der Belastungsgeschwindigkeit unbedingt erforderlich ist, nicht erlaubt.

A b b i l d u n g   4

Versuchseinrichtung zur Messung der Fugendehnung

Es wurde deswegen ein Verfahren auf elektronischer Grundlage entwickelt, das der Forderung nach raschem Ablauf der Messung und fortlaufender Aufzeichnung während der Belastung gerecht wird. Die Versuchseinrichtung ist in Abbildung 4 gezeigt.

Als Dehnungsgeber diente ein kreisringförmiger Plattenkondensator, wobei der Träger der oberen Kondensatorplatte mit einem Innengewinde versehen war und auf den als Tragkörper verwendeten Gewindebolzen aufgeschraubt wurde. Die Kondensatorplatte selbst war gegen ihren Träger, der mit der Masse der Maschine verbunden und damit geerdet war, durch eine Kunststoff-Folie isoliert. Die untere Kondensatorplatte lag auf dem überstehenden Teil der Schleifkörperfläche auf und wurde durch die obere Kondensatorplatte über eine nachgiebige, isolierende Schaumstoffplatte gegen ihre Unterlage gedrückt und auf diese Weise so festgehalten, daß sie bei Einschalten des Vorschubmotors der Zerreißmaschine nicht schwingen konnte (Abb.5). Bei Belastung und der damit verbundenen Dehnung der Klebefuge ändert sich die Kapazität des Kondensators nach dem Gesetz

$$C = \frac{f \cdot k_e}{d} \quad [A \cdot V^{-1} \cdot s]$$

d.h. Dehnung bzw. Plattenabstand und Kapazität stehen im umgekehrten Verhältnis zueinander.

Abbildung 5

Geber zur Messung der Fugendehnung

Da der Kondensator in eine jeweils vor der Messung abgeglichene Brückenschaltung gelegt worden war, verursachte die Kapazitätsänderung einen

Strom, der durch eine dynamische Meßbrücke, Bauart BRANDAU, verstärkt und von einem Schleifenoszillographen, Bauart FISCHER, registriert wurde. Abbildung 5 zeigt eine Aufnahme des Gebers.

Eine Schwierigkeit stellt die Eichung des Gebers dar, da Dehnungen von Klebefugen Wegänderungen von nur wenigen μ hervorrufen und derartig kleine Änderungen des Plattenabstandes meßtechnisch nicht mehr erfaßbar waren. Es wurde deswegen ein eichbarer induktiv wirkender Verschiebungsgeber, Bauart PHILIPS, so in den Geber eingebaut, daß dessen Taststift Relativbewegungen der Kondensatorplatten zueinander aufnehmen konnte. Die durch die Bewegung des Stiftes hervorgerufene Änderung der Selbstinduktion wurde analog zu dem vorher beschriebenen Verfahren verstärkt und registriert.

Die Eichung des Verschiebungsgebers erfolgte jeweils nach Abschluß einer Serienmessung durch Einbau in eine besonders dafür vorgesehene Vorrichtung (Abb.6), die eine durch ein Mikrometer meßbare Verschiebung des

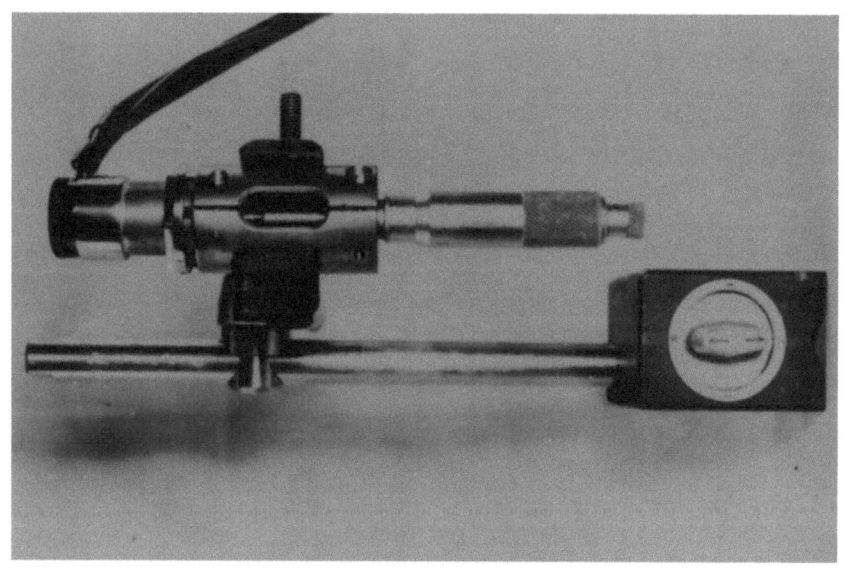

Abbildung 6

Eichvorrichtung

Taststiftes gewährleistete. Die Größe der Dehnung ergab sich nach entsprechender Umrechnung über die Eichkurve aus der Aufzeichnung des Verschiebungsgebers und der Verlauf aus der Aufzeichnung des Kondensators. Ein paralleler Verlauf der beiden Schriebe war eine sichere Kontrolle dafür, daß die Belastung momentfrei erfolgte, da eine Kippung zwar ohne Einfluß auf den Verlauf der Kondensatoraufzeichnung bleibt, die Aufzeichnung des Verschiebungsgebers aber wesentlich verändern kann, je nachdem, wie die Kippachse zu liegen kommt. Abbildung 7 zeigt den Oszillographenschrieb einer Messung.

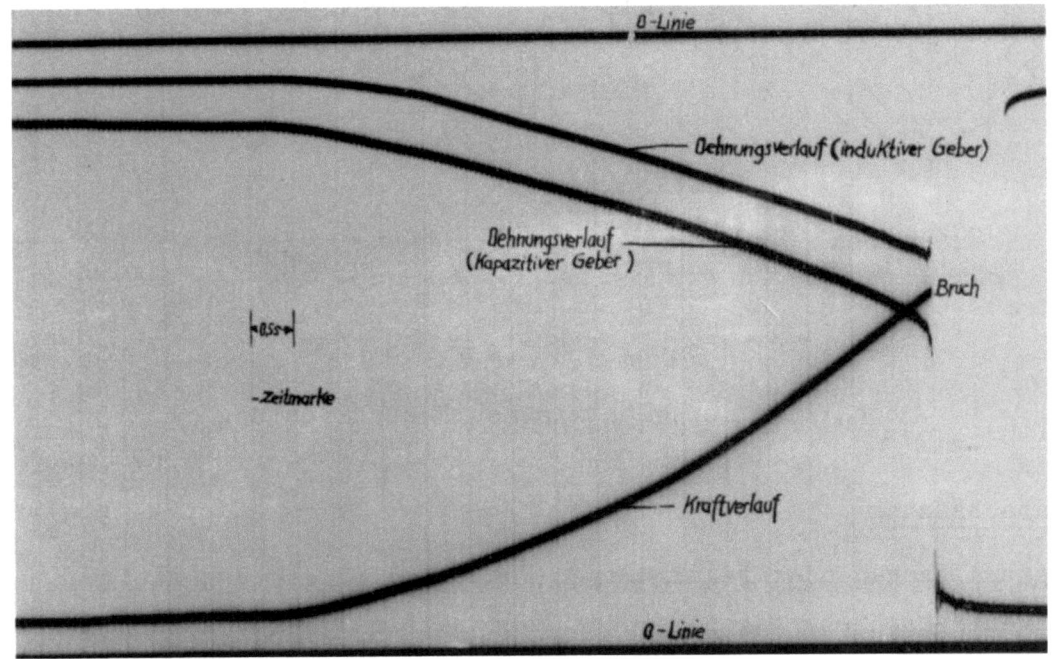

Abbildung 7

Der Verlauf der Last wurde von einem Dehnungsmeßstreifen aufgenommen, der auf die Einspannvorrichtung aufgeklebt war (Abb.4) und dessen Signale gleichfalls verstärkt und registriert wurden. Durch Abgreifen der Last und der zugehörigen Dehnung auf jeder Zeitmarke des in Abbildung 7 gezeigten Oszillographenschriebs und Umrechnung über die Eichkurven kann die Dehnung in Abhängigkeit der Kraft unter Elimination der Zeit dargestellt werden. Der Zeitpunkt des Bruchs ist sehr gut zu erkennen, Last und Dehnung fallen plötzlich auf Null zurück.

Sämtliche Untersuchungen auf Zugbeanspruchung wurden an einer 5-t-Zerreißmaschine, Bauart SCHOPPER, durchgeführt. Dieselbe Prüfmaschine konnte auch zur Eichung des Dehnungsmeßstreifens für die Kraftmessung herangezogen werden, wodurch eine Unabhängigkeit von den in die dynamische Meßbrücke, Bauart BRANDAU, eingebauten Vergleichswiderstände erreicht werden konnte.

Abbildung 8 zeigt im Prinzip die Schaltung der gesamten Meßeinrichtung zur Messung von Dehnungen im Zugversuch.

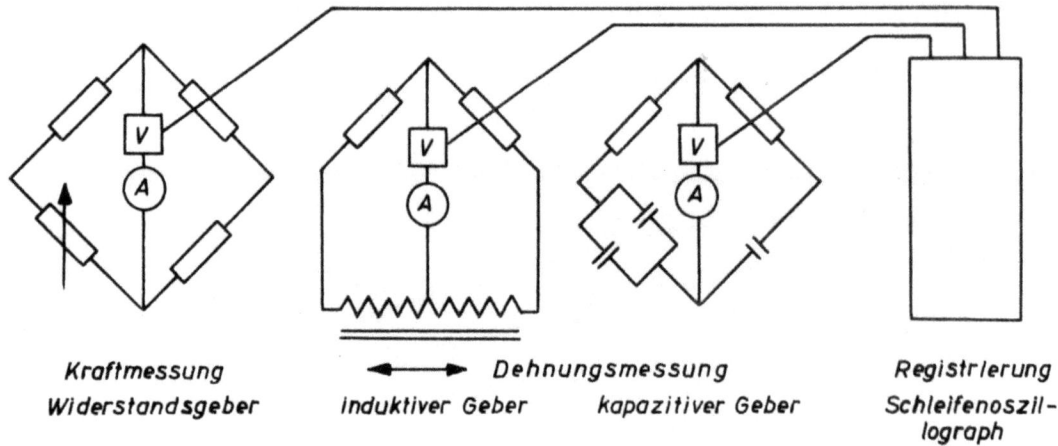

Abbildung 8

Schaltung der elektrischen Meßeinrichtung

Fehlerabschätzung

Die systematischen oder regelmäßigen Fehler, d.h. die Ungenauigkeit des induktiven Verschiebungsgebers, des Meßstreifens, des Verstärkers, der Registrierung und die Ungenauigkeit, hervorgerufen durch die elektrischen Zuleitungen, kurz der gesamten instrumentellen Einrichtung ist gegenüber den zufälligen Fehlern vernachlässigbar klein. Unter den zufälligen Fehlern überwiegen die Fehler, die bei der Eichung des Verschiebungsgebers und damit der Dehnung und bei der Ermittlung der gesamten wirksamen Fugendicke entstehen können so wesentlich, daß die übrigen zufälligen Fehler wie Ablesefehler bei der Auswertung und Meßfehler bei der Ermittlung der Klebefläche ebenfalls vernachlässigt werden können.

Bei der Eichung kann mit einer größten bezogenen Ungenauigkeit von

$$M_E = \pm 3$$

und bei der Ermittlung der gesamten wirksamen Fugendicke mit einer größten bezogenen Ungenauigkeit von

$$M_F = \pm 15$$

gerechnet werden. Für die größte bezogene Ungenauigkeit M_{max} ergibt sich somit nach dem Fehlerfortpflanzungsgesetz

$$M_{max} = \pm \sqrt{M_E^2 + M_F^2} = 15,3$$

das bedeutet, daß die Genauigkeit des Spannungs-Dehnungsschaubildes und des daraus abgeleiteten Elastizitätsmoduls der ausgehärteten Klebefuge fast nur allein davon abhängig ist, inwieweit es gelingt, die tatsächliche wirksame gesamte Fugendicke zu ermitteln. Mit einer größten bezogenen Ungenauigkeit von $M_{max} = \pm 15$ liegen die Meßergebnisse an der Grenze zwischen qualitativer und quantitativer Aussage.

Schließlich muß an dieser Stelle noch darauf hingewiesen werden, daß die Definition der Belastbarkeit einer Klebefuge in kg/Flächeneinheit Gefahren in sich birgt, da dabei weder die Schrumpfung noch die vielleicht vorhandenen Fehlstellen in der Klebefuge berücksichtigt werden, so daß ein bei kleiner Klebefläche ermittelter Wert nicht ohne weiteres zur Berechnung einer Klebverbindung großer Fläche herangezogen werden darf.

2.2 Versuchsergebnisse

Mit Hilfe der im vorhergehenden Abschnitt beschriebenen Versuchsanordnung zur Messung von Dehnungen wurde der Einfluß der Fugendicke, der Belastungsgeschwindigkeit und der Beanspruchungstemperatur ermittelt. Für die Untersuchung aller übrigen Einflüsse im Zugversuch wurde die Zugvorrichtung allein verwendet und die Größe der Einflüsse über die Bruchfestigkeit gemessen.

2.21 Einfluß der Fugendicke

Zur Veränderung der Fugendicke wurden Distanzstücke mit den Dicken $d_A = 0,5; 1,0; 1,5$ und $2,0$ mm zwischen Schleifkörper und Gewindebolzen geschoben (Abb.3). Zu dieser freien Fugendicke addiert sich noch die wirksame Eindringtiefe d_{Ew} des Klebstoffes in die poröse Schleifkörperoberfläche zur gesamten wirksamen Fugendicke

$$d_{Gw} = d_A + d_{Ew}$$

auf die dann die gemessene absolute Dehnung bezogen und in Abhängigkeit der Spannung aufgetragen werden konnte. Die Herstellung der Prüfkörper erfolgte stets in Serien zu je fünf Proben entsprechend den fünf verschiedenen Distanzstücken, so daß die Proben einer Serie d.h. desselben Klebstoffes unter denselben Bedingungen ausgehärtet wurden.

Die für fünf Klebstoffe in Abhängigkeit der Fugendicke ermittelten und in der Anlage zusammengefaßten Spannungs-Dehnungsschaubilder weisen alle einen elastischen Bereich auf, der bei den beiden Epoxydharzen Araldit 121 N und 123 B sowie bei den Thermoplasten Vinnapas bis über die Bruchlast der Schleifkörper hinausreicht, so daß hier im Bereich der Anwendung keine Abhängigkeit der Festigkeit des Klebstoffes von der Fugendicke erkennbar ist. Die Bruchfestigkeit der beiden übrigen Klebstoffe, des Polyurethans Zeluphen AIK und des Phenolfuranharzes Asplit CN liegt an der Grenze der Schleifkörperfestigkeit bzw. darunter, so daß der plastische Bereich meßbar wird, von dem gesagt werden kann, daß er mit wachsender Fugendicke größer wird. Diese Erscheinung wird wohl auf eine mit zunehmender Fugendicke kleiner werdende Deformationsbehinderung zurückgeführt werden müssen, die am ehesten verständlich wird, wenn man sich die Klebefuge als Zylinder mit sehr kleiner Höhe vorstellt. Während nun ein zylindrischer Probestab aus Klebstoff allein bei der Belastung schrumpfen und sie dadurch plastisch verformen würde, wird die dünne Klebefuge durch ihre Einbettung zwischen den Flächen der beiden Fügeteile in ihrer Querschnittsabnahme behindert. Ist die Klebefuge schließlich so dünn, daß ein plastisches Fließen fast unmöglich ist, so erfolgt der Bruch bei unverändertem Querschnitt und die Bruchfestigkeit liegt entsprechend hoch. Dadurch wird auch die Tatsache verständlich, daß der Klebstoff bei Prüfung in Stabform stets eine kleinere Bruchfestigkeit als in der Klebefuge aufweist.

In Abbildung 9 ist die Größe der plastischen Verformung in Abhängigkeit der Fugendicke bei einer bestimmten Spannung aufgetragen (Asplit CN).

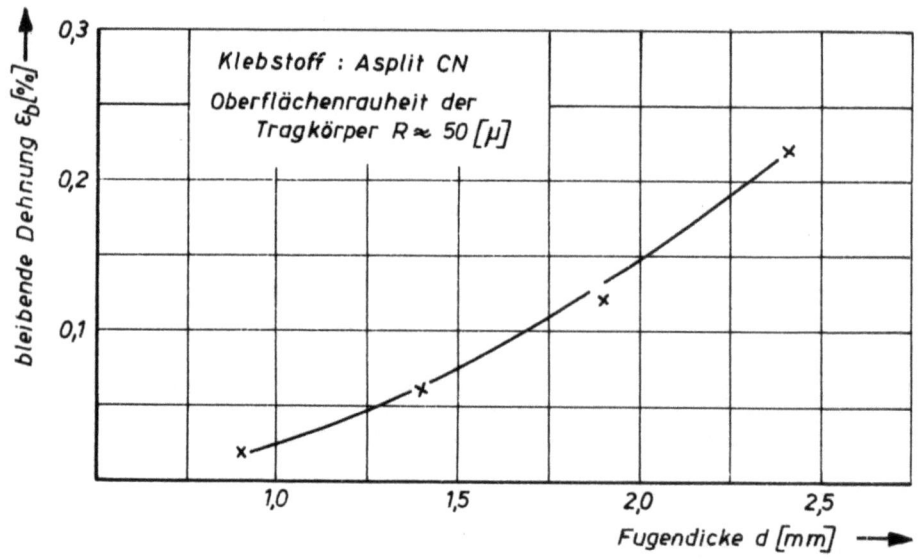

A b b i l d u n g   9

Einfluß der Deformationsbehinderung auf das plastische Verformen der Klebefuge

Diese Abhängigkeit geht auch aus Messungen an dem Polyurethan-Klebstoff Zeluphen AIK hervor, wenn auch nicht so deutlich, weil ein Fließen insbesondere bei den größten untersuchten Fugendicken, gleich sehr rasch nach der Elastizitätsgrenze eintritt. Eine Abhängigkeit der Bruchlast von der Fugendicke ist aber im Vergleich zu den Verhältnissen bei Asplit CN ganz einwandfrei zu erkennen. Die Ursache hierzu wird aber weniger auf den Einfluß der Deformationsbehinderung als auf das Vorhandensein von Fehlstellen zurückzuführen sein, wobei davon ausgegangen werden kann, daß die Wahrscheinlichkeit von Fehlstellen mit wachsender Fugendicke zunimmt, überhaupt, wenn man den Härteprozeß dieses Klebstoffes kennt und weiß, daß bei der Vernetzung flüchtige Bestandteile abgespalten werden, die nur teilweise durch den porösen Schleifkörper entweichen, und dies umso weniger, je dicker die Fuge wird. Der nicht entweichende Teil treibt die Klebefuge auf und erzeugt Hohlräume, die die wirksame Klebefläche erheblich vermindern. Eine Zunahme der Hohlräume mit wachsender Fugendicke wurde bei diesem Klebstoff auch ganz einwandfrei beobachtet.

Das scheinbare Anwachsen der Bruchfestigkeit mit der Fugendicke bei dem Phenol-Furanharz Asplit CN ist sicherlich nur rein zufällig und gleichfalls durch das Vorhandensein von Fehlstellen zu erklären. Es bleibt noch zu erwähnen, daß der Bruch, sofern es sich um ein Versagen der Klebverbindung handelte, stets in der Fuge selbst erfolgte und ein Ablösen der Fuge von einem Fügeteil, d.h. Versagen der Adhäsion nicht beobachtet wurde. Damit können Schrumpfspannungen an den Trennflächen für den Festigkeitsabfall bei wachsender Fugendicke nicht verantwortlich gemacht werden.

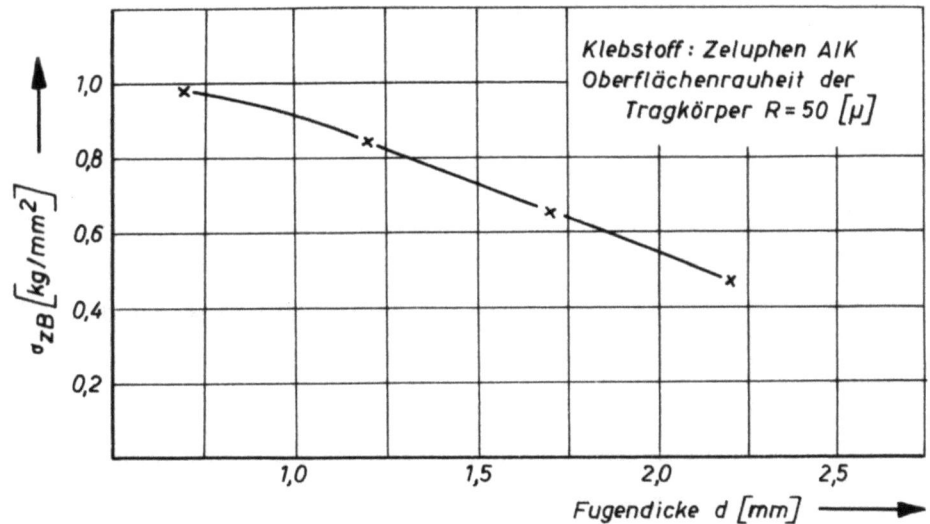

A b b i l d u n g 10

Einfluß von Fehlstellen und der Deformationsbehinderung auf die Bruchfestigkeit der Klebefuge

2.22 Einfluß der Belastungsgeschwindigkeit

Die zur Durchführung der Versuche verwendete 5-t-Zerreißmaschine, Bauart SCHOPPER, gestattete eine Änderung der Belastungsgeschwindigkeit insofern, als der Antrieb der Vorschubspindel zwischen 10 und 50 mm/min stufenlos geregelt werden konnte. Damit war zwar die Wahl einer bestimmten Vorschubgeschwindigkeit der Spindel möglich, die Größe der Belastungsgeschwindigkeit aber ergab sich erst aus dem Verlauf der Kraft über der Zeit und wurde neben dem Spindelvorschub von E-Modul und Formänderungsvermögen der ausgehärteten Klebefuge bestimmt.

Der leider nur kleine regelbare Bereich der Vorschubgeschwindigkeit der Spindel wurde unter Zugrundelegung der Normreihe R 40/7 (10 bis 50) logarithmisch unterteilt und die bei der jeweils gewählten Vorschubgeschwindigkeit wirksame Belastungsgeschwindigkeit dem Oszillogramm entnommen. Da der Lastanstieg in Abhängigkeit der Zeit nicht völlig linear erfolgte (Abb.7), ist jeweils die mittlere Belastungsgeschwindigkeit als Versuchswert angegeben.

Die Auswertung der Oszillogramme ergab, daß die technologischen Eigenschaften aller in diesem Abschnitt untersuchten Klebstoffe den Lastanstieg in Abhängigkeit der Zeit bei bestimmter Vorschubgeschwindigkeit der Spindel annähernd gleich beeinflussen und deswegen eine bestimmte Vorschubgeschwindigkeit bei jedem dieser Klebstoffe praktisch dieselbe Belastungsgeschwindigkeit auslöste. Das hängt einerseits damit zusammen, daß bezüglich dieser Zusammenhänge weder E-Modul noch Formänderungsvermögen der untersuchten Klebstoffe wesentlich verschieden sind und andererseits die Klebstoffschicht zwischen den Fügeteilen relativ gesehen so dünn ist, daß sich die geringen Unterschiede nicht auswirken können.

Unter den fünf untersuchten Klebstoffen waren drei einer Ermittlung des Einflusses der Belastungsgeschwindigkeit auf das Spannungs-Dehnungsverhalten nicht zugänglich, weil die Elastizitätsgrenze über der Schleifkörperfestigkeit lag und sich naturgemäß nur das plastische Verhalten mit der Belastungsgeschwindigkeit ändern kann. Zum Verständnis des deformationsmechanischen Verhaltens der beiden übrigen Klebstoffe eines relativ harten und spröden Phenol-Furanharzes (Asplit CN) und eines gleichfalls relativ harten aber zähen Polyurethans (Zeluphen AIK) erweist sich das Zweiphasentheorem [56] als nützlich, nachdem Kunststoffe als zweiphasige Mischkörper aus einem elastischen Gerüst (elastische Phase) und einem plastischen Medium (plastische Phase) aufzufassen sind.

Die für die elastische Phase charakteristische elastische Dehnung hängt mit dem umkehrbaren Austausch zwischen äußerer Arbeit und innerem Potential zusammen [49]. Das Verhältnis der Spannung zur Dehnung ist durch das HOOKEsche Gesetz ausgedrückt:

$$\sigma = E \cdot \frac{\Delta l}{l_o} \qquad (1)$$

Die für die plastische Phase charakteristische elastische Dehnung liegt in dem nicht umkehrbaren Austausch zwischen äußerer Arbeit und gebundener Energie begründet, wobei Wärme frei wird. Unter ständig wirksamer Kraft geht die Dehnung fortlaufend weiter. Das Verhältnis zwischen Spannung und Dehnung bzw. Formänderung für rein viskose Stoffe liefert das Gesetz von NEWTON:

$$\sigma = \eta \cdot \frac{dl}{l_o \cdot d_t} \qquad (2)$$

Im Gesetz von MAXWELL sind beide Begriffe vereint, wobei davon ausgegangen wird, daß eine ursprünglich elastische Anspannung des Stoffes von selbst nur durch zeitliche Abhängigkeit in eine plastische Verformung übergeht. Damit ist die Erscheinung des Abfalles der Elastizitätsgrenze mit kleiner werdender Belastungsgeschwindigkeit, die sowohl bei der Untersuchung des Phenol-Furanharzes Asplit CN als auch des Polyurethan-Klebstoffes Zeluphen AIK beobachtet werden konnte, hinreichend erklärt.

Für die Abnahme der elastischen Spannung in Abhängigkeit der Zeit wurde dem MAXWELLschen Gesetz die Annahme zu Grunde gelegt, der Spannungsabfall erfolge stets proportional der noch vorhandenen Spannung:

$$-\frac{d\sigma}{dt} = \frac{d\sigma}{dt} = \frac{1}{T}\sigma \qquad (3)$$

Maßgeblich für die Geschwindigkeit des Spannungsabfalls ist der Faktor $\frac{1}{T}$ eine Materialkonstante, deren Kehrwert die Relaxationszeit T als mittlerer Lebensdauer einer inneren elastischen Anspannung bezeichnet werden kann. Diese Kenngröße bestimmt zusammen mit dem E-Modul und dem Formänderungsvermögen das deformationsmechanische Verhalten der Kunststoffe und ist zur Beurteilung deren Festigkeitsverhalten von größter Wichtigkeit.

Das MAXWELLsche Gesetz beschreibt das Verhalten dieser Stoffe mit den beiden Konstanten E und T und den Veränderlichen σ, ε und t:

$$\frac{d\sigma}{dt} = E \cdot \frac{d\varepsilon}{dt} - \frac{1}{T} \cdot \sigma \qquad (4)$$

d.h. eine Zunahme der Spannung verursacht eine entsprechende Zunahme der Dehnung, gleichzeitig aber erfolgt eine Abnahme der Spannung durch Ermüden d.h. Relaxation. Mittels dieser Gleichung wird die Zeitabhängigkeit der Festigkeit aller organischen hochmolekularen Stoffe und damit die Erscheinung verständlich, daß das Dehnungsvermögen der beiden eben besprochenen Klebstoffe mit wachsender Belastungsgeschwindigkeit abnimmt, gleichzeitig aber der elastische Bereich, d.h. die Elastizitätsgrenze ansteigt.

2.23 Einfluß der Beanspruchungstemperatur

Zunächst wurde für sechs Klebstoffe die Bruchfestigkeit bei Verwendung von Aluminium als Tragkörperwerkstoff und anschließend das Spannungs-Dehnungsverhalten bei Verwendung von St.50.11 als Tragkörperwerkstoff in Abhängigkeit der Beanspruchungstemperatur ermittelt. Die Versuchsergebnisse beider Untersuchungen sind in der Anlage zusammengefaßt. Die Versuchskörper wurden im Wärmeschrank bis zur Prüftemperatur erwärmt und anschließend in die bereits früher beschriebene Prüfvorrichtung eingespannt. Eine Erwärmung der Proben in eingespanntem Zustand mittels eines bei der Werkstoffprüfung üblichen Heizmantels war der elektrischen Versuchseinrichtung wegen nicht möglich. Deswegen mußte die unvermeidliche Abkühlung der Prüfkörper während des Einbaues durch Aufheizung des Gewindebolzens mit Hilfe eines Ringheizkörpers von 300 Watt ausgeglichen werden (Abb.5). Die Temperatur an der Klebestelle wurde durch ein Thermoelement gemessen, dessen warme Lötstelle in eine dafür vorgesehene Bohrung im Tragkörper in unmittelbarer Nähe der Klebestelle eingeführt wurde. Nach Ausgleich des Temperaturverlustes wurden die Prüfkörper bei einer Belastungsgeschwindigkeit von $\varphi = [0,14 \text{ kg/mm}^2 \cdot \text{s}]$ unter Registrierung des Spannungs- und Dehnungsverlaufs über der Zeit zerrissen.

Der Verlauf der Bruchfestigkeit in Abhängigkeit der Beanspruchungstemperatur trennt deutlich die beiden untersuchten Thermoplasten von den vier übrigen thermoelastischen Klebstoffen.

Die beiden __thermoplastischen Klebstoffe__ unterscheiden sich zwar hinsichtlich der Höhe der absoluten Beträge ihrer Warmfestigkeit nicht aber bezüglich deren Verlauf in Abhängigkeit von der Temperatur, der wir folgt zu erklären ist:

Thermoplastische Kunststoffe sind im Vergleich zu Metall aus langen Fadenmolekülen aufgebaut. Ihrem Gefüge nach können sie von amorphem oder amorph-kristallinem, d.h. teilkristallinem Charakter sein, wobei es wie im vorhergehenden Abschnitt bereits erwähnt, zweckmäßig ist, in fast allen Fällen nach dem Zweiphasentheorem teilkristalline Struktur anzunehmen.

Nun vermögen hochpolymere Stoffe im Gegensatz zu niederpolymeren Substanzen in drei statt zwei Aggregatzuständen aufzutreten: dem im üblichen Sinne festen, dem plastischen und dem flüssigen Zustand. Den Übergang vom festen in den plastischen Zustand kennzeichnet die Transformationstemperatur. Erwärmung über diese Temperatur hinaus führt zum Auftauen des Molekülverbandes. Die Fadenmoleküle nehmen plötzlich sehr an Beweglichkeit zu und beginnen, da sie seitlich nicht miteinander verbunden, d.h. vernetzt

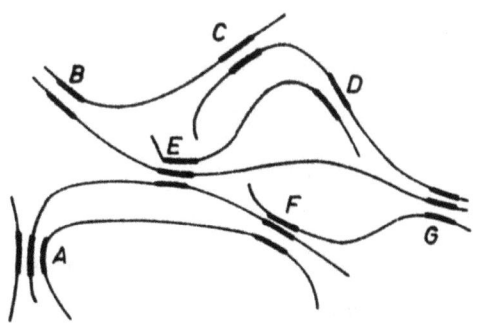

A b b i l d u n g 11

Teilkristalline Mischphase von Kettenmolekülen A - G: kristalline Bereiche

sind, aneinander vorbeizugleiten. Das umgekehrte tritt bei der Abkühlung ein. Die Beweglichkeit der Moleküle nimmt ab, der Molekülverband friert nach Unterschreiten der Transformationstemperatur ein.

Der Übergang vom festen in den plastischen Bereich vollzieht sich nicht an einem bestimmten Erweichungspunkt, sondern innerhalb eines Erweichungsbereiches, der in den Warmfestigkeitsdiagrammen der beiden untersuchten thermoplastischen Klebstoffe deutlich in Erscheinung tritt und im Falle des Polyvinylacetats bei etwa + 50°C und im Falle des thermoplastischen Butyraldehyds bei etwa + 35°C endet. Der Übergang in den festen Bereich, von dem ab sich nach niederen Temperaturen hin die mechanischen Eigenschaften im großen und ganzen gleichmäßig ändern, wurde beide Male durch die Messung nicht erfaßt, weil er sesentlich unterhalb der Raumtemperatur liegt [51]. Der steile Anstieg der Festigkeit in Richtung der niederen Temperaturen deutet darauf hin, daß ein Versagen der Zugfestigkeit wenigstens was das Polyvinylacetat betrifft, unterhalb der Raumtemperatur nicht zu befürchten ist, wohl aber eine geringere Schlagfestigkeit, weil infolge der kleineren Eigenbeweglichkeit der Moleküle und der vorwiegend amorphen Struktur dieses Thermoplastes ein Verspröden zu erwarten ist.

Die Zugfestigkeit beider Klebstoffe deutet nach Durchlaufen des Erweichungsbereiches nach höheren Temperaturen hin noch kurz einen plastischen Bereich an, fällt aber dann rasch bis zur Bedeutungslosigkeit ab. Das plastische Verhalten rührt daher, da sich die langen beweglichen und statisch vielfach verschlungenen Fadenmoleküle beim Auftreten einer Spannung entknäueln, strecken und sich teilweise parallel ausrichten. In Richtung der höheren Temperaturen wird der plastische Bereich schließlich dadurch begrenzt, daß die Wärmebewegungen die zwischenmolekularen Kräfte übertreffen und die Fadenmoleküle aneinander abgleiten. Es tritt ein Fließen ein, die Festigkeit sinkt unter alles Maß. Nach STUART [43] ist der Zustand der zusätzlichen Ordnung im plastischen Bereich thermodynamisch instabil und der Klebstoff muß aus Entropiegründen das Bestreben haben, in den alten ungeordneten Zustand zurückzukehren. Da aber die Moleküle im plastischen Bereich noch nicht völlig voneinander abgleiten, müssen sie auf irgendeine Weise miteinander vernetzt sein. Eine chemische Vernetzung durch Hauptvalenzen ist bei beiden thermoplastischen Klebstoffen ausgeschlossen. Bleibt nur noch die Möglichkeit der Vernetzung durch kleine kristalline Bezirke (Abb.11) und durch Partikel des beigefügten aktiven Füllstoffes, an dessen Oberfläche die Enden der Kettenstücke adsorptiv festgehalten werden.

Die einer Untersuchung unterzogenen sechs <u>thermoelastischen Klebstoffe</u> dagegen sind chemisch durch Hauptvalenzen vernetzt, wodurch die Fadenmoleküle auch bei höheren Temperaturen daran gehindert werden, völlig aneinander abzugleiten. Diese Vernetzung ist im Gegensatz zur Vernetzung durch kristalline Bereiche unschmelzbar und ihre Auflösung kann nur bei höherer Temperatur durch chemische Zersetzung erfolgen. Dadurch weisen thermoelastische Klebstoffe zwar einen Erweichungsbereich ihrer amorphen Gefügebestandteile auf, ein Abgleiten der Fadenmoleküle voneinander und damit eine Verflüssigung des Klebstoffes mit steigender Temperatur kann aber nicht erfolgen.

Der Verlauf der in der Anlage beigefügten Spannungs-Dehnungsschaubilder hängt mit diesen Verhältnissen zusammen und braucht deswegen nicht mehr näher erklärt zu werden. Der Übersicht wegen wurde die Abhängigkeit des E-Moduls und der Streckgrenze von der Beanspruchungstemperatur für alle in diesem Abschnitt untersuchten Klebstoffe in je einem Schaubild dargestellt.

Da keiner der Klebstoffe eine ausgeprägte Streckgrenze aufwies, wurde die $\sigma_{0,02}$-Dehngrenze als Ersatzstreckgrenze gewählt.

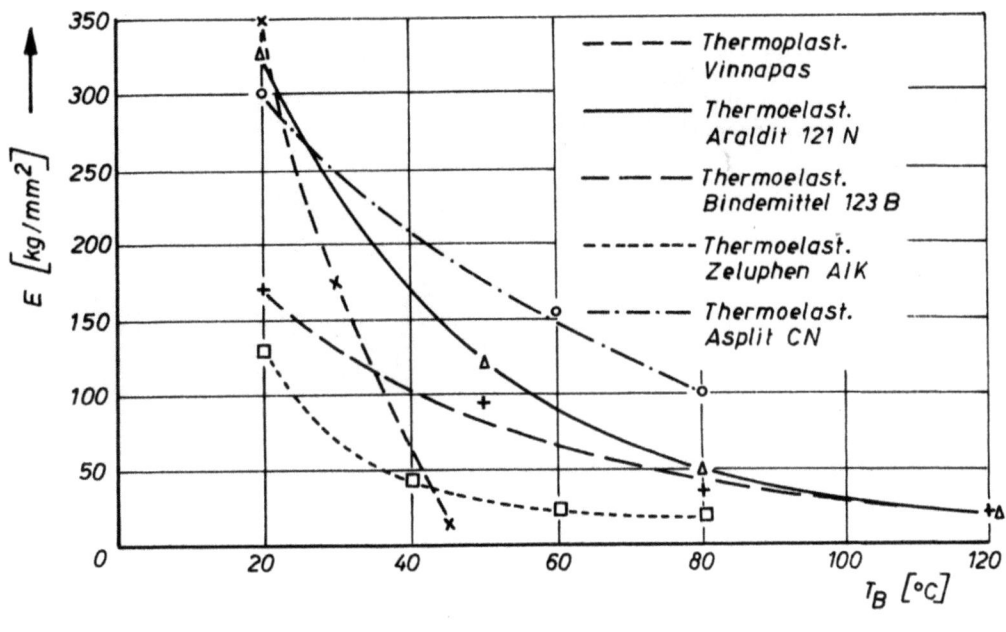

Abbildung 12

E-Modul in Abhängigkeit der Beanspruchungstemperatur

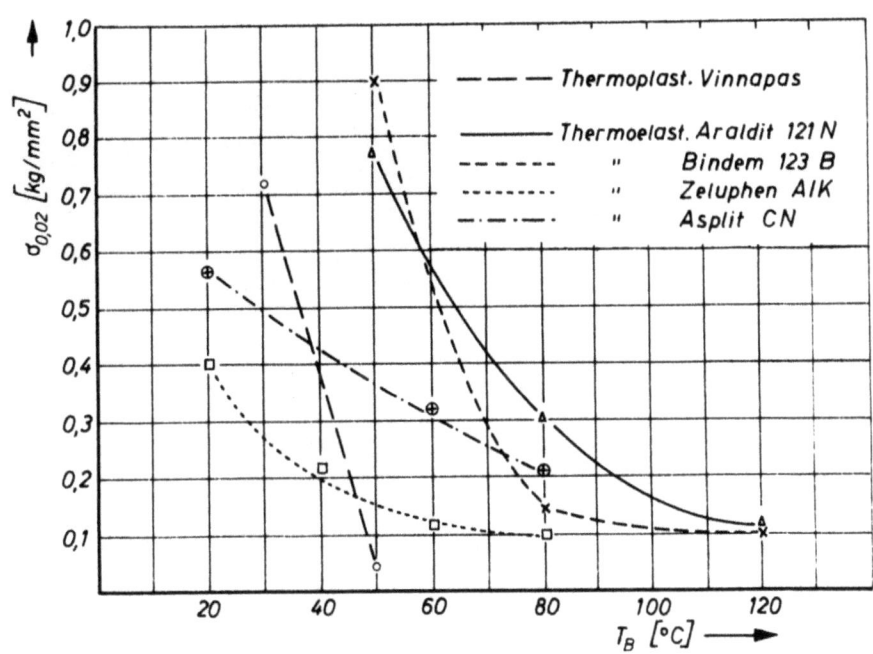

Abbildung 13

$\sigma_{0,02}$-Dehngrenze in Abhängigkeit der Beanspruchungstemperatur

Klebstoff	Bruchbild und Beanspruchungstem.	Bruchbild			
Vinnapas	Bruchbild				
	T_B	20°C	30°C	40°C	45°C
Araldit 121 N	Bruchbild				
	T_B	20°C	50°C	80°C	120°C
Bindemittel 123 B	Bruchbild				
	T_B	20°C	50°C	80°C	120°C
Asplit CN	Bruchbild				
	T_B	20°C	50°C	60°C	80°C

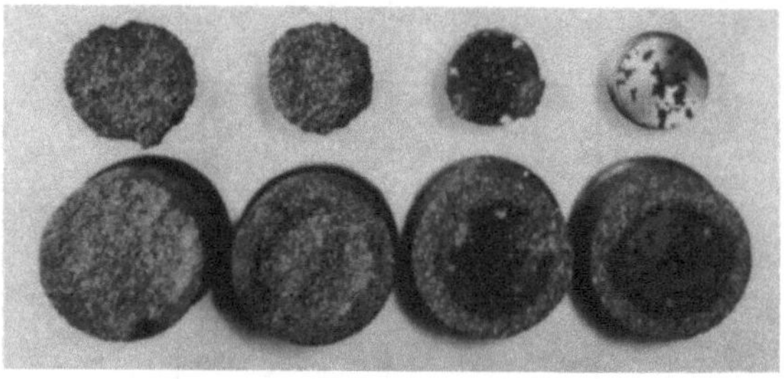

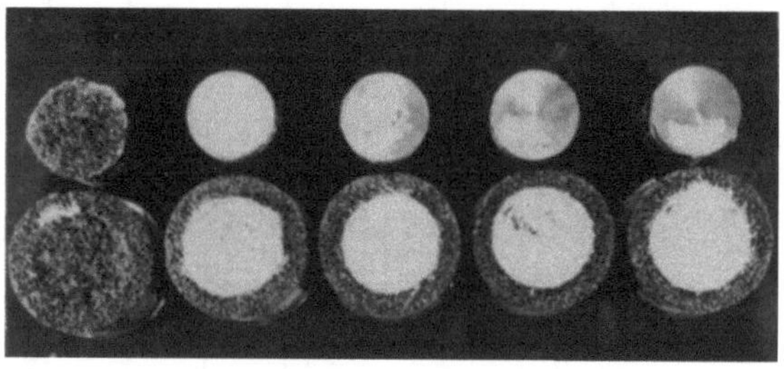

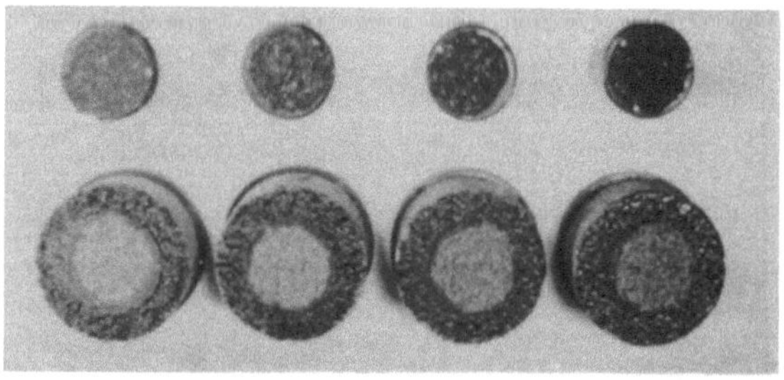

Abbildung 14 bis 17

Prüfung auf Wärmebeständigkeit

Bruchbilder

Bei den Zerreißversuchen war mit steigender Temperatur mehr und mehr ein Versagen der Adhäsion der Klebstoffe an den metallischen Tragkörpern zu beobachten, während bei Raumtemperatur der Bruch entweder im Schleifkörper oder in der Klebefuge durch Versagen der Kohäsion erfolgte (Abb.14 bis 17). Die beigefügten Bruchbilder können in der Praxis dazu dienen, das Auffinden der Ursache beim Versagen einer Klebverbindung zu erleichtern.

2.24 Einfluß klebungsvorbereitender Maßnahmen

Unter den Maßnahmen, die der Klebungsvorbereitung dienen, muß der Reinigung der Fügeteile ein besonderes Augenmerk geschenkt werden. Es ist zur Erzielung einer hohen Adhäsion unbedingt erforderlich, daß die Oberfläche der Fügteile trocken und frei von Staub, Fett, Rost, kurz frei von jeglicher Art von Verunreinigung ist. Der von der Oberfläche adsorbierte Gasfilm ist jedoch nur in den seltensten Fällen entfernbar, da adsorbierte Gase mit großer Hartnäckigkeit festgehalten werden. Handelt es sich dabei um einen Wasserfilm, der erst bei einer Temperatur von 350°C entfernt werden kann, so ist wohl kaum eine Verringerung der Klebstoffadhäsion zu befürchten, da die stark polaren Wassermoleküle das an sich unpolare Metall so polarisieren, daß ein elektrisches Feld entsteht, das den Eindruck entgegengesetzt geladener Teilchen symmetrisch zu ersteren auf der anderen Seite der Metalloberfläche erweckt [52] und damit im Gegensatz zu Oxydschichten eine starke Haftung des Wasserfilms an der reinen Metalloberfläche angenommen werden kann.

Die Oberfläche der zu den Untersuchungen verwendeten metallischen Tragkörpern wurde zunächst durch Abdrehen mechanisch von ihrer Oxydschicht befreit. Über den Einfluß der Oberflächenrauheit wird später berichtet. Die Entfettung erfolgte durch Abreiben mittels lösungsmittelgetränkter technischer Watte, wobei organische Lösungsmittel wie Aceton, Tetrachlorkohlenstoff oder Trichloräthylen verwendet wurden. Die Wirkung des Lösungsmittels kann noch vertieft werden, wenn die Reinigung in einem Lösungsmittelbad bei gleichzeitiger Behandlung mit Ultraschall vorgenommen wird.

Als klebungsvorbereitende Maßnahmen haben außer der Reinigung noch die Dauer der offenen Vorhärtung, der Aushärtung und der Abkühlung der ausgehärteten Klebverbindungen zu gelten, die in den folgenden Abschnitten näher untersucht wurden.

2.241 Einfluß der offenen Zeit

Der thermoelastische Klebstoff Zeluphen K (Polyurethan) war im Gegensatz zu allen übrigen untersuchten Klebstoffen lösungsmittelhaltig. Nun stellt das Verdunsten des Lösungsmittels aus dem gelösten Klebstoff keinen einfachen Vorgang dar, da dessen Verdampfungsgeschwindigkeit durch den gelösten Klebstoff gehemmt wird. Die Abnahme der Verdampfungsgeschwindigkeit beginnt praktisch schon sofort nach Auftragen des Klebstoffes auf die Oberfläche der Fügeteile dadurch, daß das Lösungsmittel durch die Schicht des noch viskosen Klebstoffes durchdiffundiert und zum Teil an der Oberfläche verdunstet [52]. Durch diesen Verdunstungsvorgang wird der Klebstoff an der Oberfläche allmählich angereichert und zwar so lange, bis die Verdampfungsgeschwindigkeit der hochsiedenden Klebstoffkomponente erreicht.

Während dieses Vorgangs durchläuft der trocknende Klebstoff irgendwann das Stadium der Klebrigkeit. Zu diesem Zeitpunkt werden die getrennt mit Klebstoff bestrichenen Oberflächen zusammengefügt; die Zeit, die bis dahin vergeht, wird in der Klebstofftechnologie allgemein als offene Zeit bezeichnet, weil die bereits mit Klebstoff bestrichenen Klebeflächen offen nebeneinander liegen. Der Begriff der Klebrigkeit kann nicht genau definiert werden, weil jene weder restlos zu verstehen, noch weil genau bekannt ist, durch welche physikalische Erscheinung sie hervorgerufen wird. Sie ist von komplexer Eigenschaft, zu der verschiedene Faktoren wie Kohäsion, Adhäsion und Viskosität beitragen. Die Klebrigkeit ist aber nicht die Summe dieser Faktoren, die Beziehung ist weit komplizierter.

Es besteht die Möglichkeit, den Zeitpunkt der Klebrigkeit subjektiv nach dem Fingertest zu beurteilen, von dem auch häufig Gebrauch gemacht wird, indem man den Finger auf die mit Klebstoff versehene Fläche des Fügeteils legt und dann ruckartig losreißt. Wenn das Material klebrig ist, wird das Zurückziehen des Fingers gehemmt.

In diesem Abschnitt wurde nun für den thermoelastischen Klebstoff Zeluphen K nicht der Zeitpunkt festgestellt, in dem Klebrigkeit eintritt, als vielmehr der Einfluß der Dauer der offenen Zeit auf die Festigkeit der ausgehärteten Klebverbindung direkt. Dabei wurden alle übrigen Faktoren, die einen Einfluß auf die Festigkeit der Klebverbindung haben, wie beispielsweise Härtezeit und Fugendicke konstant gehalten. Das Verdunsten des Lösungsmittels wurde durch Anwendung von Wärme beschleunigt. Das Versuchsergebnis (Abb.18) zeigt eine Abhängigkeit der Festigkeit der

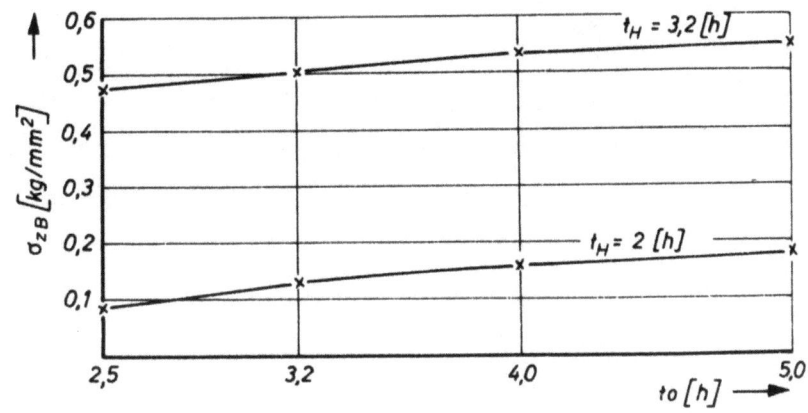

Abbildung 18

Abhängigkeit der Zugfestigkeit von der offenen Zeit (Zeluphen K)

Klebverbindung von der offenen Zeit, deren Verlauf bei Änderung der Härtezeit erhalten bleibt, wogegen sich die Größe der Festigkeit in Richtung der Festigkeitsachse verschiebt. Entsprechend den obigen Ausführungen steigt die Festigkeit mit wachsender offener Zeit gemäß der immer kleiner werdenden Verdampfungsgeschwindigkeit des Lösungsmittels immer langsamer an und geht schließlich in eine waagerechte Asymptote über.

Um einen möglichst großen Bereich mit wenigen Versuchspunkten erfassen zu können, wurde die offene Zeit mittels Normzahlen der Reihe R 10/1 (2,5 bis 5) abgestuft. Als Ausgangspunkt diente eine offene Zeit, die etwa 2/3 der durch den subjektiven Fingertest ermittelten Zeit der Klebrigkeit betrug. Sämtliche Versuchspunkte stellen den arithmetischen Mittelwert dreier Einzelmessungen dar. Die Versuchsbedingungen sind in Abbildung 18 mit angegeben.

2.242 Einfluß der Härtezeit

Klebstoffe binden je nach ihrer chemischen Konstitution verschieden ab. Die beiden untersuchten Thermoplaste durch Abkühlung ihrer Schmelze, die untersuchten Thermoelaste durch chemische Vorgänge.

Die beiden untersuchten thermoplastischen Klebstoffe werden in Pulver- bzw. Folienform zwischen die zur Klebung vorbereiteten Fügeteile gebracht. Ein Benetzen der Klebefläche tritt erst nach Schmelzen des Klebstoffes bei höherer Temperatur ein. Die lösungsmittelfreie Verwendung der beiden Thermoplaste hat neben dem Vorzug einer einfacheren Verarbeitung den weiteren Vorteil, daß durch das Schmelzen und nachfolgende Festwerden bei Abkühlung keine flüchtigen Bestandteile abgespalten werden. Somit können weder Hohlräume noch Spannungen dadurch entstehen, daß ein Teil des Lösungsmittels im Klebstoff zurückbleibt und die Klebefuge auftreibt. Für thermoplastische Klebstoffe gibt es keine Härtezeit in dem Sinne, daß die Festigkeit der Klebeverbindung von der Dauer der Wärmezufuhr abhängt. Ist die thermoplastische Masse völlig durchgeschmolzen, so kann die Wärmezufuhr abgestellt und die Klebeverbindung abgekühlt werden. Über den Einfluß der Geschwindigkeit, mit der die Abkühlung erfolgt, wird noch berichtet.

Anders verhält es sich bei den thermoelastischen Klebstoffen, die durch chemische Vernetzung abbinden, deren Umfang von der Dauer der Wärmezufuhr abhängen kann. Da außer dem Zeluphen K alle übrigen untersuchten Thermoelaste auch bei Raumtemperatur aushärten und die chemische Reaktion in diesem Falle durch Wärme lediglich beschleunigt werden kann, wurde nur bei ersterem der Einfluß der Härtezeit auf die Festigkeit der Klebverbindung untersucht (Abb.19).

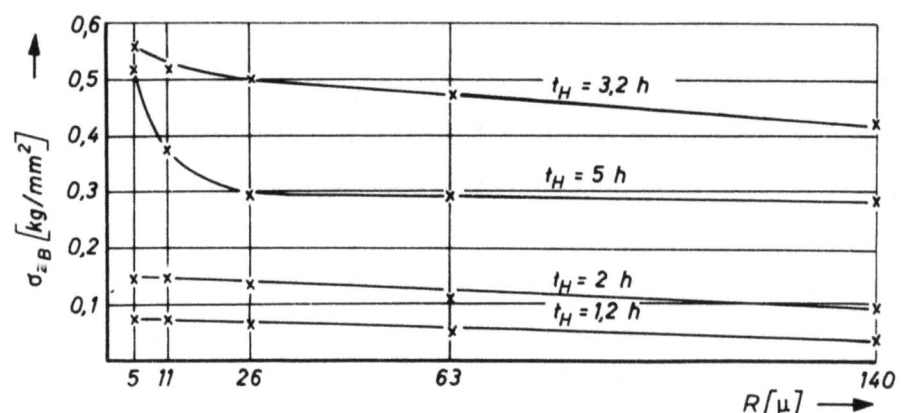

	Fügeteile	offene Zeit	Härtung	Lagerung	Prüfung
Versuchs- bedin- gungen	Schleifkörp.: NK 30 N Tragkörp.: St 50.11 F = 1810 [mm²]	T_o = 70 [°C] t_o = 3 [h]	T_H = 160 [°C] t_A = 2 [h] p_H = 6 [$\frac{kg}{mm^2 \cdot s}$]	t_L = 24 [h]	T_B = 20 [°C] φ = 0,14 [$\frac{kg}{mm^2 \cdot s}$]

A b b i l d u n g   19

Abhängigkeit der Zugfestigkeit von der Härtezeit (Zeluphen K)

Es ergibt sich ein Festigkeitsanstieg mit größer werdender Aushärtezeit bis völlige Vernetzung eingetreten ist, d.h. bis zu einer Aushärtezeit von t_H = 3,5 h bei konstant gehaltener Härtetemperatur von T_H = 160°C. Bei einer Aushärtung über diese günstigste Aushärtezeit hinaus erfolgt ein Festigkeitsabfall wahrscheinlich infolge Versprödens der Klebefuge. Dadurch können Schrumpfspannungen, die bei fast allen chemischen Härtereaktionen durch Änderung des Volumens hervorgerufen werden, nicht mehr ausgeglichen werden.

Bei dem thermoplastischen Klebstoff Vinnapas dagegen erfolgt die Kontraktion während des hochviskosen bzw. plastischen Zustandes und verursacht nur ein geringes Abnehmen der Schichtdicke, Schrumpfspannungen können deswegen bei Verwendung dieses Klebstoffes kaum entstehen.

Die Härtezeiten wurden logarithmisch nach Normzahlen der Normreihe R 10/2 (1,2 bis 5) unterteilt.

2.243 Einfluß der Abkühlungsgeschwindigkeit

Die Abkühlungsgeschwindigkeit beeinflußt die Festigkeit der Klebverbindung aus zweierlei Gründen: sie bestimmt die physikalische Struktur des hochpolymeren Klebstoffes nach dessen Warmaushärtung und ist außerdem maßgebend für die in der Klebverbindung zurückbleibenden restlichen Schrumpfspannungen.

Eine langsame Abkühlung fördert die Ausbildung kristalliner Bereiche, wobei entlang ein und derselben Kette mehrere Kristallisationskeime entstehen können [43], so daß schließlich ein Fadenmolekül am Zustandekommen mehrerer kristalliner und amorpher Bereiche beteiligt sein kann (Abb.11). Das Netzwerk aus diesen kristallinen Bereichen bildet das elastische Gerüst der Klebefuge.

Wie im vorhergehenden Abschnitt schon erwähnt, entstehen bei der Aushärtung der untersuchten thermoelastischen Klebstoffe infolge chemischer Reaktion Schrumpfspannungen, die zusammen mit den Schrumpfspannungen bei der Abkühlung und den Spannungen, hervorgerufen durch die verschiedenen Wärmeausdehnungszahlen der Fügeteile bei langsamer Abkühlung, teilweise abgebaut werden können.

Abbildung 20 zeigt den Einfluß der Abkühlungsgeschwindigkeit auf die Zugfestigkeit des thermoelastischen Klebstoffes Zeluphen K, dessen Festigkeit auch bei den günstigsten klebungsvorbereitenden Maßnahmen unterhalb der Schleifkörperfestigkeit lag, so daß der Einfluß der

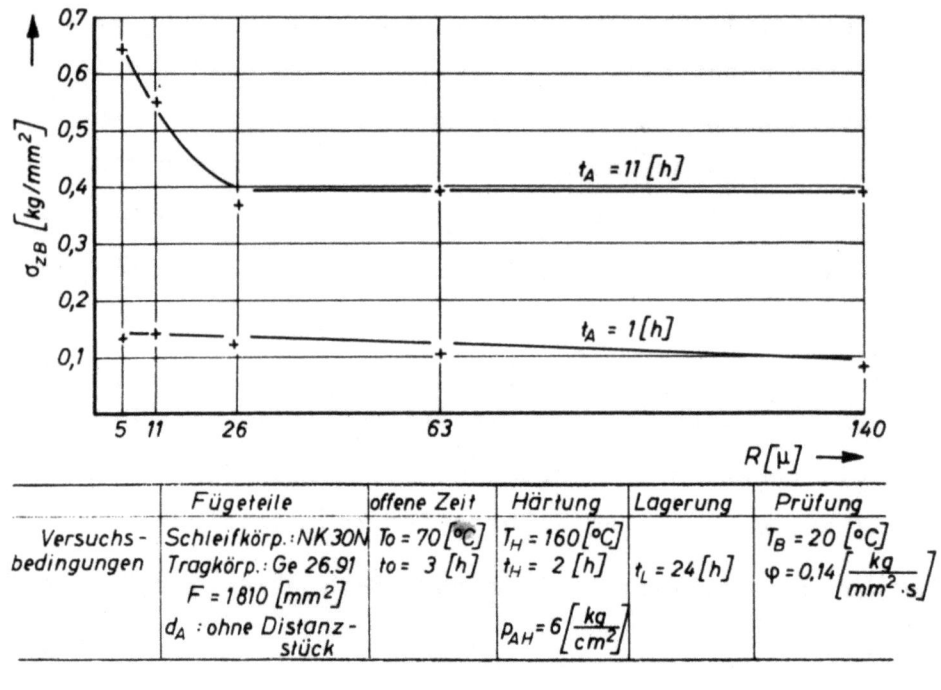

Abbildung 20

Abhängigkeit der Zugfestigkeit von der Abkühlungsgeschwindigkeit
(Zeluphen K)

Abkühlungsgeschwindigkeit über die Bruchfestigkeit der Klebverbindung ermittelt werden konnte.

Die Versuchsergebnisse beweisen eindeutig, daß durch langsames Abkühlen ein Festigkeitszuwachs der Klebverbindung erreicht werden kann.

2.25 Einfluß der Werkstoffe der Fügeteile

Die Festigkeit der Klebverbindung kann von den Fügeteilen in vielfacher Hinsicht beeinflußt werden. Zu nennen sind an dieser Stelle neben deren Polarität vorwiegend E-Modul, lineare Wärmeausdehnung und Oberflächenbeschaffenheit. Der Einfluß des Tragkörperwerkstoffes wurde an Tragkörpern aus:

St. 50.11
Ge 26.91 und
Aluminium

ermittelt. Hinsichtlich des E-Moduls erfüllen diese drei Tragkörperwerkstoffe samt der zu den Untersuchungen verwendeten Schleifkörper des Typs NK 30 N die Forderung, daß der E-Modul der Fügeteile aus deformationsmechanischen Gründen größer sein soll als der E-Modul des Klebstoffes. Der Einfluß der linearen Wärmeausdehnung und der Oberflächenbeschaffenheit ist in den folgenden beiden Abschnitten untersucht.

Der Einfluß des Tragkörperwerkstoffes konnte nur an denjenigen Klebstoffen ermittelt werden, die aus bereits erwähnten Gründen einer Ermittlung ihrer Bruchfestigkeit zugänglich waren. Die Versuchsergebnisse sind in Tabelle 1 zusammengefaßt.

T a b e l l e 1

Abhängigkeit der Zugfestigkeit vom Tragkörperwerkstoff

Klebstoff	Tragkörperwerkstoff Kurzzeichen	$ß_M$	σ_{z_B}
Zeluphen K (Polyurethan)	Ge 26.91	$9 \cdot 10^{-6}$	36,0
	St. 50.11	$11 \cdot 10^{-6}$	34,5
	Al	$23 \cdot 10^{-6}$	33,2
Asplit CN (Phenol-Furan)	Ge 26.91	$9 \cdot 10^{-6}$	0,59
	St. 50.11	$11 \cdot 10^{-6}$	0,52
	Al	$23 \cdot 10^{-6}$	0,43

Die angegebenen Festigkeitswerte stellen Mittelwerte aus drei Einzelmessungen dar. Eine Abhängigkeit der Bruchfestigkeit vom Tragkörperwerkstoff ist zu erkennen, die, wie es scheint, vorwiegend auf die unterschiedliche Wärmeausdehnung der Tragkörper zurückgeführt werden muß. Allerdings darf nicht vergessen werden, daß vielleicht auch eine unterschiedliche spezifische Haftung am Zustandekommen dieser Abhängigkeit beteiligt sein kann.

2.251 Einfluß der linearen Wärmeausdehnung

Wie schon erwähnt, können bei der Abkühlung warm ausgehärteter Klebverbindungen Spannungen infolge Schrumpfung der Fügeteile und des Klebstoffes entstehen. Da die Fügeteile wegen ihrer verschieden großen Wärmeausdehnungszahl verschieden schrumpfen, sind zweierlei Spannungen zu unterscheiden:

1. Tangentialspannungen, welche parallel zu den Klebeflächen verlaufen und durch die unterschiedliche Schrumpfung der Fügeteile und des Klebstoffes entstehen. Sie beanspruchen die Adhäsionskräfte des Klebstoffes an der Oberfläche der Fügeteile. Da Fügeteile mit verschiedener linearer Wärmeausdehnung miteinander verklebt werden, sind die Tangentialspannungen an den Klebeflächen beider Fügeteile verschieden.

2. Zugspannungen, die nur von der unterschiedlichen Schrumpfung der Fügeteile herrühren, und die Kohäsionskräfte des Klebstoffes beanspruchen.
Sie sind am Rand der Klebverbindung am größten. Deswegen beginnt dort
der Bruch bei Versagen der Kohäsion.

Die Kohäsionskräfte des Klebstoffes werden dabei von Zugspannungen beansprucht, die sich rechnerisch erfassen lassen, wenn man davon ausgeht,
daß ursprünglich senkrecht übereinanderliegende Punkte (A-A) nach der
unterschiedlichen Schrumpfung der Fügeteile einander schräg gegenüber-
stehen, wobei sich die Fügeteile in X-Richtung (Abb.21) um den Betrag:

$$X = l_x (T_H - T_A) (\beta_M - \beta_K)$$

l_x = ursprünglicher Abstand der Punkte A-A von der Mittellinie der Klebverbindung

gegeneinander verschieben. Dadurch wird die Strecke A-A, deren Betrag

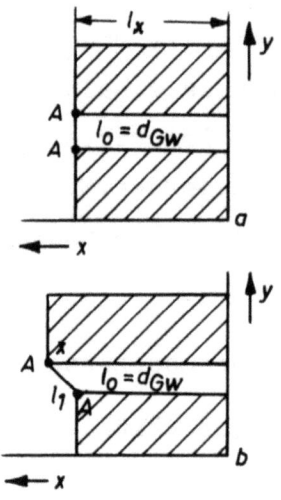

A b b i l d u n g   21

Beanspruchung der Klebstoffkohäsion durch die verschiedene lineare Wärmeausdehnung der Fügeteile

ursprünglich (Abb.21a) mit der gesamten wirksamen Fugendicke d_{Gw} iden-
tisch war, auf

$$l_1 = \sqrt{l_o^2 + [l_x(T_H - T_A) (\beta_M - \beta_K)]^2}$$

verlängert und damit um

$$\Delta l = l_1 - l_0$$
$$= \sqrt{l_0^2 + [l_x(T_H - T_A)(\beta_M - \beta_K)]^2} - l_0$$

gedehnt. Liegt die Schrumpfspannung noch innerhalb des elastischen Bereichs des Klebstoffes, so kann sie nach dem HOOKEschen Gesetz zu

$$\sigma_z = E \cdot \frac{\Delta l}{l_0}$$

$$\sigma_z = E \cdot \frac{\sqrt{l_0 + [l_x(T_H - T_A) \cdot (\beta_M - \beta_K)]^2} - l_0}{l_0}$$

berechnet werden.

Der Elastizitäts-Modul der untersuchten Klebstoffe wurde bereits in Abschnitt 2.21 ermittelt, die lineare Wärmeausdehnungszahl der verwendeten metallischen Tragkörperwerkstoffe sind bekannt, die der Schleifkörper mußte in einem Versuch ermittelt werden.

2.252 Ermittlung des linearen Wärmeausdehnungskoeffizienten von Schleifkörpern aus NK 30 N

Die Messung wurde mit Hilfe von Dehnmeßstreifen durchgeführt, wobei der aktive Streifen mittels eines warmfesten Kunstharzes auf den Schleifkörper aufgeklebt wurde. Zur Kompensation des Temperatureinflusses lag der Vergleichsstreifen, ebenfalls mittels eines warmfesten Kunstharzes auf ein Stahlstück aufgeklebt, neben dem Meßstreifen (Abb.22).

A b b i l d u n g   22

Anordnung von Meß-und Vergleichsstreifen auf der Schleifkörperoberfläche

Zur Verringerung der Wärmeabstrahlung und der Abkühlung durch Luft waren beide Meßstreifen mit Watte abgedeckt.

Die Temperaturabnahme am Schleifkörper und am Stahlstück zur Kontrolle der Temperaturkompensation erfolgte durch Thermoelemente, deren Anzeige direkt zusammen mit der Anzeige des Dehnungsmeßstreifens nach deren Verstärkung durch eine dynamische Dehnungsmeßbrücke, Bauart BRANDAU, mittels eines Lichtpunktlinienschreibers, Bauart HARTMANN & BRAUN, registriert wurde (Abb.23).

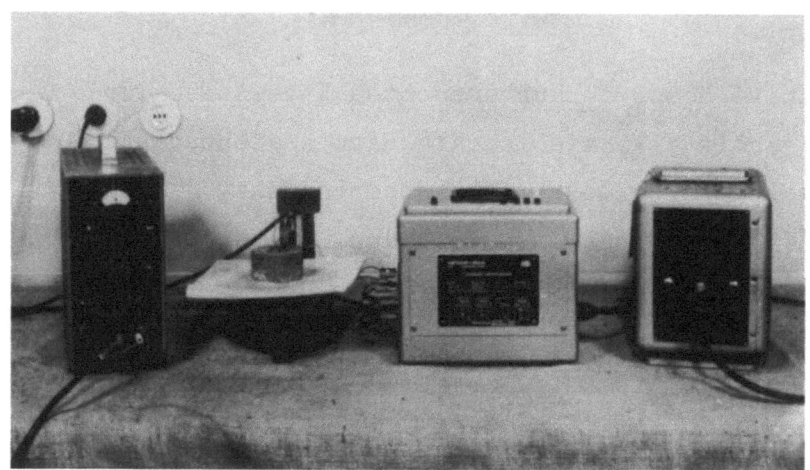

Abbildung 23

Versuchsanordnung zur Messung des linearen Wärmeausdehnungskoeffizienten am Schleifkörper

Der Messung ging die Eichung der Thermoelemente voraus, die infolge ihrer Trägheit nicht sofort die eben vom Körper erreichte Temperatur anzeigen. Die Anzeige nähert sich vielmehr nach einer Exponentialfunktion der tatsächlichen Körpertemperatur, wobei die auf eine konstante Temperatur vereinfachte Beziehung lautet:

$$\Theta_T = \Theta_K - (\Theta_K - \Theta_0) \cdot e^{t/c}$$

Hieraus ergibt sich:

$$\Theta_T = \Theta_K$$

für

$$t = \infty$$

d.h. erst nach Ablauf einer unendlich langen Zeit hat das Thermoelement die Temperatur des Schleifkörpers erreicht. Deswegen dient als Maß für dessen Trägheit die Halbwertszeit, d.i. die Zeit, die vergeht bis die anfängliche Temperaturdifferenz auf den halben Wert abgenommen hat:

$$\Theta_K - \Theta_T = \Theta_K - \Theta_0$$

Für die Halbwertszeit ergibt sich:

$$H = C \cdot \ln 2$$

Die Zeitkonstante C beider Elemente wurde experimentell über ihre Erwärmungskurve und die Halbwertszeit mit Hilfe der Zeitkonstante rechnerisch ermittelt. Die Erwärmung beider Elemente erfolgte durch Eintauchen der Perle in siedendes Wasser, wobei sich folgende Halbwertszeiten und Zeitkonstanten ergaben:

Thermoelement 1: $T = 0,9$ [s] Thermoelement 2: $T = 0,7$ [s]

Meßstelle Schleifkörper: $H = 0,4$ [s] Meßstelle Vergleichsstreifen: $H = 0,3$ [s]

Durch die Ermittlung ihrer Erwärmungskurven waren beide Elemente gleichzeitig geeicht. Die Eichung des Dehnungsstreifens wurde mit Hilfe der in der dynamischen Dehnungsmeßbrücke eingebauten Vergleichswiderstände vorgenommen.

Gemessen wurde die Dehnung, die der Schleifkörper bei 100 [°C] nach Angleich der Temperatur der Vergleichsstelle an die der Prüfstelle erreicht hatte, so daß zwischen Meß- und Vergleichsstreifen kein Temperaturgefälle mehr bestand und die Widerstandsänderung des Meßstreifens infolge Erwärmung voll ausgeglichen war.

Nach der Dehnungsanzeige betrug die scheinbare Dehnung des Schleifkörpers

$$\varepsilon_{K_s} = 7 \cdot 10^{-3} \ [‰]$$

bei 1°C Temperaturerhöhung. Dieser Wert erfährt eine Korrektur durch den Quotienten aus dem k-Faktor des Meßstreifens und der dynamischen Meßbrücke:

$$c = \frac{k_{Brücke}}{k_{Meßstreifen}} = \frac{1,96}{2,11} = 0,93$$

somit wird:

$$\varepsilon_{K_s} = c \cdot \varepsilon_{K_s} = 0{,}93 \cdot 8 \cdot 10^{-3} = 6{,}5 \cdot 10^{-3} \; [\%_0]$$

Die tatsächliche Dehnung des Schleifkörpers ergibt sich nach Berücksichtsichtigung der Dehnung des Stahlstückes, auf das der Vergleichsstreifen aufgeklebt war:

$$\varepsilon_{K_w} = \varepsilon_{St} - \varepsilon_{K_s}$$

bei bekannten

$$\varepsilon_{St} = 12 \cdot 10^{-3} \; [\%_0] \; (\text{Hütte 27.Aufl.})$$

wird

$$\varepsilon_{K_w} = 12 \cdot 10^{-3} - 6{,}5 \cdot 10^{-3} = 5{,}5 \cdot 10^{-3} \; [\%_0]$$

und damit die lineare Wärmeausdehnungszahl des Schleifkörpers

$$\beta_K = 5{,}5 \cdot 10^{-6} \; [\text{mm/mm} \cdot {}^\circ C]$$

2.253 Einfluß der Oberflächenrauheit

Wie aus den Versuchsergebnissen des Abschnittes 2.21 hervorgeht, ist darauf zu achten, daß der Klebstoff in der Verbindung eine möglichst dünne, jedoch zusammenhängende Schicht bildet. Das Entstehen dieser dünnen Schicht hängt aber wesentlich von der Oberflächenbeschaffenheit der Fügeteile ab, denn es genügt nicht allein, den Klebstoff dünn aufzutragen, der Klebstoff-Film zwischen den beiden Fügeteilen muß auch in dem darauffolgenden Stadium des Härtens erhalten bleiben, auch dann, wenn ein Teil des Klebstoffes, wie dies bei Substanzen niedriger Viskosität (Vinnapas, Zeluphen K) eintreten kann, infolge der außerordentlich großen Porosität der Schleifkörper in deren Oberfläche versickert. Dadurch tritt zwar eine zusätzliche mechanische Verankerung in der Schleifkörperoberfläche und eine Kapillarwirkung durch Benetzen der Porenwände durch den Klebstoff ein, die Verbindung selbst wird aber durch Auflockerung der Fuge geschwächt.

Aus diesem Grund sind pastenförmige Klebstoffe den dünnflüssigen vorzuziehen. Sie vereinigen die Vorzüge einer zusätzlichen mechanischen Verankerung und Kapillarwirkung durch Eindringen in die Schleifkörperoberfläche und einer geschlossenen homogenen Klebefuge, weil ein völliges Eindringen in die Poren durch die hohe Viskosität nicht möglich ist (Abb.24).

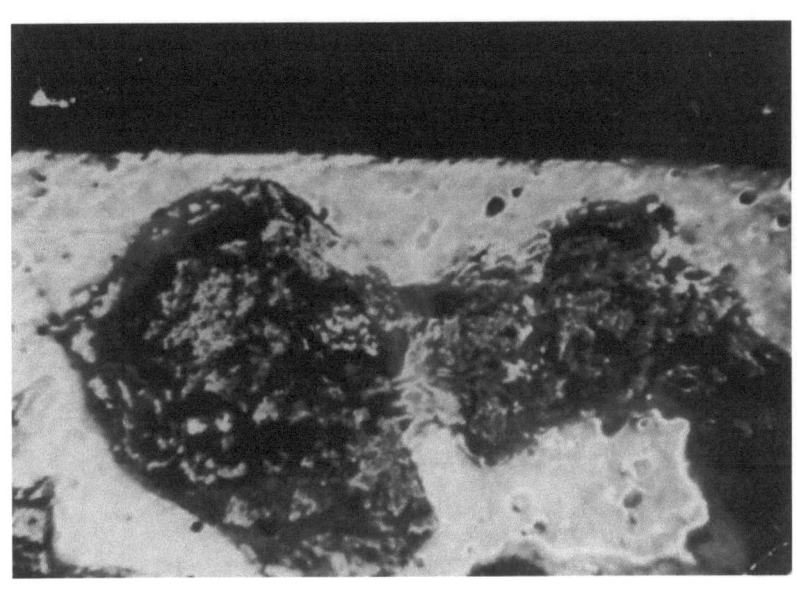

A b b i l d u n g   24

Schnitt durch die Grenzfläche Schleifkörper-Klebstoff (Bindemittel 123 B)
Vergrößerung: 36 : 1

Auch bezüglich der Haftung des Klebstoffes auf der Oberfläche des metallischen Tragkörpers ist die Benetzung von großer Bedeutung. Sie kann durch gründliche Reinigung der Klebefläche, wie bereits erwähnt, erheblich verbessert werden. Ein mechanisches Aufrauhen der Oberfläche kann sich aber nur dann günstig auswirken, wenn damit ein erheblicher Oberflächen zuwachs verbunden ist und der Klebstoff auch in alle Vertiefungen zur völligen Ausnützung der gesamten geometrischen Oberfläche ein dringt (Abb.25) und nicht nur die Oberflächenspitzen überbrückt. Dieses Eindringen kann durch Behandlung der frisch gefügten, aber noch nicht ausgehärteten Klebverbindung mit Ultraschall wesentlich unterstützt werden [53].

Für den Thermoplasten Zeluphen K wurde die Abhängigkeit der Zugfestigkeit von der Tragkörper-Oberflächenrauheit für Tragkörper aus St.50.11 und Ge 26.91 ermittelt (Tabellen 3 und 4). Es ergab sich für alle Härte- und Abkühlungszeiten ein Festigkeitsabfall der Klebverbindung mit wachsender Oberflächenrauheit des Tragkörpers.

Der Grund dazu kann nur in der Zunahme der Schichtdicke bei größer werdendem R zu suchen sein, da bei allen Proben ein Versagen der Klebstoffkohäsion beobachtet wurde. Diese Versuche zeigen deutlich, daß in die Tragkörper-Oberfläche eingedrehte Rillen zur Erhöhung der Festigkeit der Klebverbindung ihren Zweck verfehlen und gerade das Gegenteil

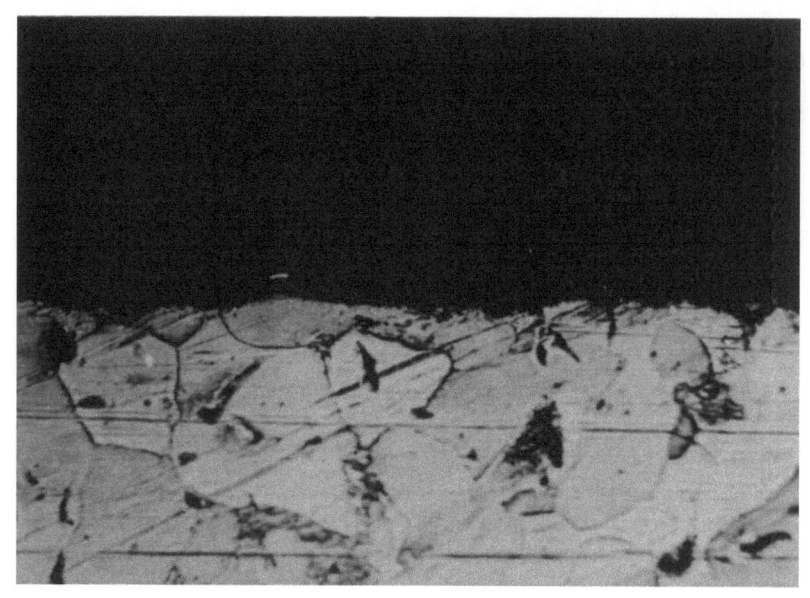

A b b i l d u n g   25

Schnitt durch die Grenzfläche Tragkörper (St.50.11)-Klebstoff (Araldit 121 N)
Vergrößerung: 500 : 1

T a b e l l e   2

Oberflächenvergrößerung durch mechanisches Aufrauhen

Oberflächenbild des Tragkörpers St. 50.11	größte Schnitt-geschw. bei Herstellung der Oberfläche V_{max} [m/min]	mittlere Rauhtiefe R_m [μ]	Oberflächen-zuwachs gegen-über geome-trisch ebener Fläche Z [%]
	150	10	100
	50	50	600

Tabelle 3

Abhängigkeit der Zugfestigkeit des Thermoelasten E von der Oberflächenrauheit des Tragkörpers bei verschiedenen Härtezeiten

Oberflächenbild des Tragkörpers St. 50.11	R [µ]	Zugfestigkeit σ_{z_B} [kg/mm²] bei t_H =			
		1,2[h]	2[h]	3,2[h]	5[h]
	5	0,07	0,14	0,56	0,52
	11	0,075	0,14	0,52	0,37
	26	0,06	0,13	0,50	0,29
	63	0,05	0,11	0,47	0,29
	140	0,04	0,09	0,42	0,28

	Fügeteile	Off. Zeit	Härtung	Lagerung	Prüfung
Versuchsbedingungen	Schleifkörper: NK 30 N Tragkörper: St.50.11 F = 1810 mm² d_A: ohne Distanzstücke	T_o=70 [°C] t_o= 3 [h]	T_H=160 [°C] t_A= 4 [h] P_{AH}= 6 [kg/cm²]	t_L= 24 [h]	T_B=20 [°C] φ =0,14 [kg/mm·s]

Tabelle 4

Abhängigkeit der Zugfestigkeit des Thermoelasten E von der Oberflächenrauheit des Tragkörpers bei verschiedener Abkühlungsgeschwindigkeit

Oberflächenbild des Tragkörpers Ge 26.91	R [µ]	Zugfestigkeit σ_{zB} [kg/mm^2] bei t_A = 1 [h]	11 [h]
	5	0,13	0,64
	11	0,14	0,55
	26	0,12	0,37
	63	0,10	0,39
	140	0,08	0,39

Versuchsbedingungen	Fügeteile	Off. Zeit	Härtung	Lagerung	Prüfung
	Schleifkörper: NK 30 N	T_o=70 [°C]	T_H=160 [°C]		T_B=20 [°C]
	Tragkörper: Ge 26.91	t_o= 3 [h]	t_H= 2 [h]	t_L= 24 [h]	φ =0,14 $\left[\frac{kg}{mm \cdot s}\right]$
	F = 1810 mm^2				
	d_A: ohne Distanzstücke		P_{AH}=6 $\left[\frac{kg}{cm^2}\right]$		

bewirken. Die in Tabelle 3 und 4 niedergelegten Versuchsergebnisse lassen sich in einer linearen Form darstellen [54], wenn man den Quotienten Bruchlast/Oberflächenrauheit in Abhängigkeit des Logarithmus der Oberflächenrauheit aufträgt. Da sämtliche Werte unter Konstanthaltung der Klebe-

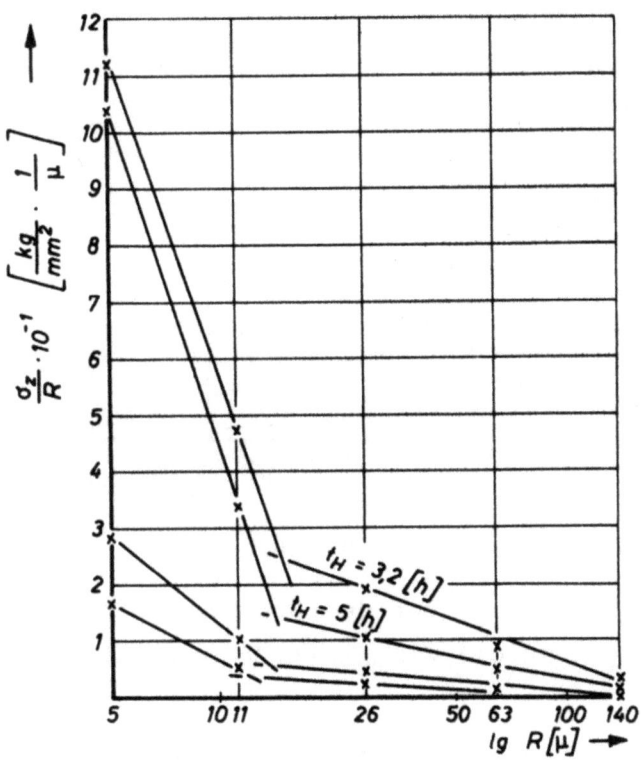

Abbildung 26

Abhängigkeit der Zugfestigkeit von der Oberflächenrauheit des Tragkörpers (St. 50.11) Klebstoff Zeluphen K

fläche ermittelt wurden, gilt für jeden linearen Kurventeil die Beziehung:

$$\frac{\sigma_z}{R} = b - m \cdot lgR \qquad (1) \text{ oder}$$

$$\sigma_z = R(b - m \cdot lgR) \qquad (2)$$

$$a = (lgR) \; \sigma_z/R = 0$$

$$b = (\sigma_z/R) \quad r = 1 \quad \text{und} \quad m = \frac{b}{a}$$

bedeuten.

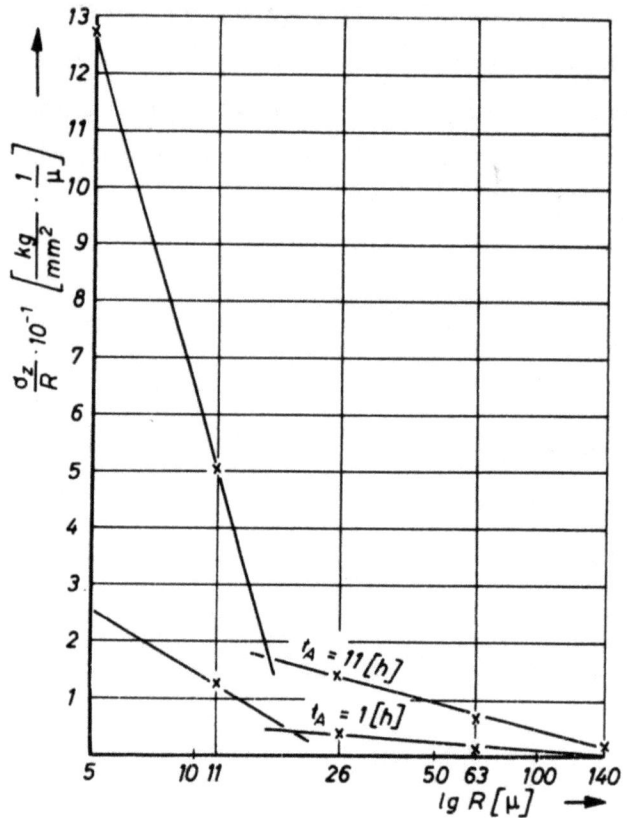

Abbildung 27

Abhängigkeit der Zugfestigkeit von der Oberflächenrauheit des Tragkörpers (Ge 26.91) Klebstoff Zeluphen K

Dieses Verfahren gestattet ein leichtes Ausgleichen streuender Versuchspunkte und die Ermittlung optimaler Werte durch Differentiation der aus den jeweils experimentell ermittelten Konstanten aufgestellten Beziehung (2), wenn statt der Rauhtiefe R der Tragkörper die gesamte wirksame Fugendicke d_{Gw} verwendet wird:

$$\sigma_z = d_{Gw}(b - m \cdot lgd_{Gw}) \qquad (3)$$

$$\sigma_z' = b - m(lgd_{Gw} + 0,434) = o \qquad (4)$$

daraus folgt:

$$lgd_{Gw_{opt}} = a - 0,434$$

oder

$$d_{Gw_{opt}} = 10(a - 0,434) \qquad (5)$$

Da es sich bei den in den Abbildungen 26 und 27 dargestellten Funktionen zwar um reine Dickeneffekte handelt, aber nur eine Abhängigkeit der Zugfestigkeit von der Tragkörperoberflächenrauheit und nicht von der gesamten wirksamen Fugendicke d_{Gw} vorliegt, kann die jeweils günstigste Fugendicke aus der Beziehung (5) nicht ermittelt werden. Unter den gegebenen Verhältnissen konnte wohl die günstigste Oberflächenrauheit der Tragkörperoberfläche errechnet werden, auf Grund der Tatsache aber, daß der Festigkeitszuwachs bei kleiner werdender Rauhtiefe nur auf die damit zwangsläufig ebenfalls kleiner werdende Fugendicke zurückzuführen ist, wird offensichtlich, daß die kleinste verwendete Rauhtiefe gleichzeitig die hinsichtlich der Festigkeit der Klebverbindung günstigste ist (Tabellen 2 und 3). Jedenfalls aber läßt die Darstellung in Abbildung 26 erkennen, daß die Konstante a und damit die optimale Fugendicke mit wachsender Härtezeit t_H bis zu deren günstigstem Wert ansteigt.

3. Scherversuche

Beim Betrieb geklebter Segmentscheiben werden die Klebverbindungen am häufigsten auf Scherung beansprucht. Deswegen wurde entsprechend der eingangs schon hervorgehobenen Forderung nach betriebsnaher Untersuchung die Größe aller derjenigen Einflüsse im Scherversuch ermittelt, die einer Erfassung über die Bruch-Scherspannung in meßtechnischer und festigkeitsmäßiger Hinsicht zugänglich waren.

3.1 Versuchsanordnung und Versuchsdurchführung

Die bereits in Abschnitt 2.1 beschriebene Vorrichtung war so konstruiert, daß sie nach Auswechseln des Einspannkopfes auch zu Scherversuchen verwendet werden konnte (Abb.28).

Für die Durchführung der Versuche wurde das einschnittige Verfahren gewählt, und zwar deswegen, weil Voruntersuchungen ergeben hatten, daß das zweischnittige Verfahren in Anlehnung an DIN 50 141 bei den vorliegenden Klebverbindungen keine einwandfreien Versuchsergebnisse liefert. Der Grund dazu liegt in der bei Anwendung des zweischnittigen Verfahrens notwendigen doppelten Klebverbindung, die infolge des breiten Toleranzfeldes der Schleifkörperabmessungen und des verschiedenen rheologischen, d.h. deformationsmechanischen Verhaltens der beiden Klebverbindungen ungleichmäßig belastet wird. Das äußert sich bei Verwendung eines Klebstoffes, dessen Festigkeit unter derjenigen des Schleifkörpers liegt, durch Versagen der Klebverbindungen nacheinander statt miteinander.

Das einschnittige Verfahren kennt diese Nachteile nicht. Außerdem läßt es das auch im Betrieb bei Scherbeanspruchung zusätzlich auftretende Biegemoment voll zur Wirkung kommen. Die Abmessungen der Fügeteile waren so groß gehalten, daß keine Formänderungen infolge Biegespannungen möglich waren, welche die Festigkeit der Klebverbindungen beeinflussen konnten. Die Scherfestigkeit ergibt sich aus der einfachen Beziehung:

$$\tau_s = \frac{P}{\pi (\frac{D}{2})^2} \quad [\text{kg/mm}^2]$$

3.2 Versuchsergebnisse

Mit Hilfe der in Abbildung 28 gezeigten Vorrichtung wurde der Einfluß des Kühlmittels und der Alterung untersucht.

Schleifkörper kommen im Betrieb mit Kühlflüssigkeiten in Form wässriger Lösungen oder Emulsionen alkalischer Substanzen in Berührung, welche die Festigkeit der Klebverbindung in zweierlei Hinsicht beeinflussen können: durch chemische Zersetzung einerseits und Adsorbtion andererseits.

Klebstoffe hoher Festigkeit, wie sie in diesen Untersuchungen ausschließlich verwendet wurden, verdanken ihre hohe Kohäsion und Adhäsion zu einem großen Teil dem Vorhandensein stark polarer Gruppen und neigen deswegen, zumal wenn noch freie Hydroxylgruppen vorhanden sind, zu einer Wasseradsorbtion, die doppelt wirksam werden kann: Durch die Wasseraufnahme wird der durchschnittliche Abstand zwischen den Molekülen vergrössert, es setzt eine Quellung ein, die Tangentialspannungen an der Grenzfläche zwischen Fügeteil und Klebstoff zur Folge haben. Diese Tangentialkräfte können die Adhäsion übersteigen, was sich durch Ablösen der Klebefuge vom Fügeteil äußert oder zumindest die Adhäsion so weit herabsetzt, daß eine geringe äußere Belastung ein Ablösen der Fuge hervorrufen kann.

Mit der Einlagerung von Wassermolekülen zwischen den Klebstoffmolekülen ändert sich aber auch das rheologische Verhalten der Klebefuge selbst. Durch Absättigung der starken elektrostatischen Kräfte polarer Gruppen durch Wasser wird die Klebstoffkohäsion geschwächt und damit die elastische Dehnung herabgesetzt. Plastisches Fließen tritt früher ein.

Schließlich kann ein Festigkeitsabfall auch zum Teil auf ein Anlösen des Klebstoffes durch die alkalisch wirkende Kühlflüssigkeit zurückzuführen sein.

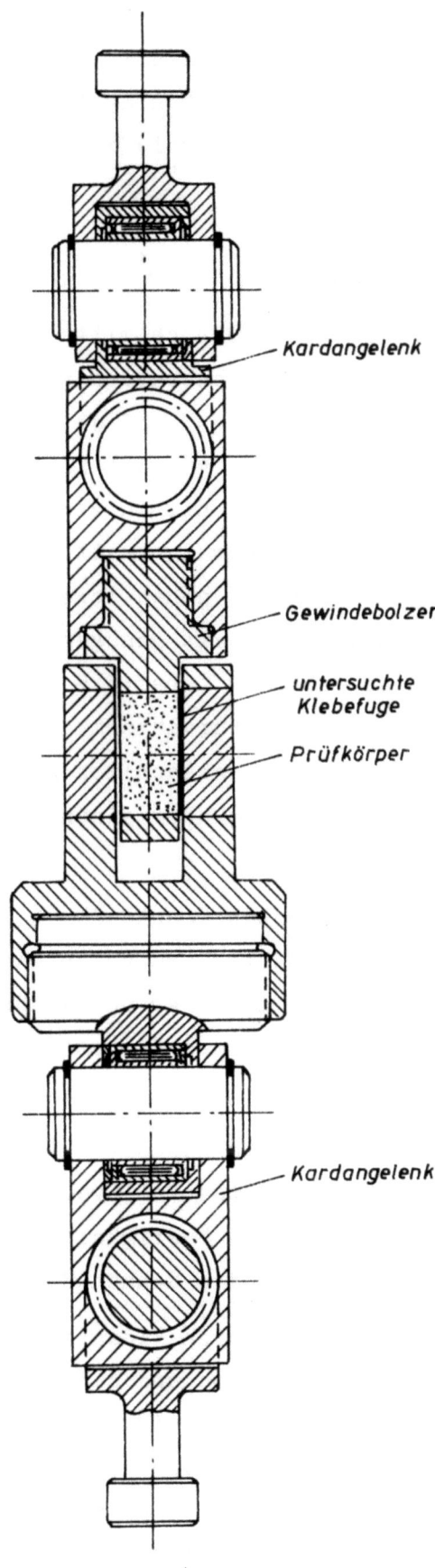

Abbildung 28

Schervorrichtung

3.21 Einfluß der Einwirkungsdauer des Kühlmittels

Der Einfluß der Einwirkungsdauer einer Kühlflüssigkeit auf die Klebverbindung wurde durch verschieden lange Einlagerung von Prüfkörpern unter Luftabschluß in Kühlflüssigkeit (Diskusol) mit einer Ionenkonzentration von

$$p_H = 11,6 \pm 0,1$$

und nachfolgender Prüfung im Scherversuch mittels des einschnittigen Verfahrens untersucht. Die Ionenkonzentration wurde bewußt so hoch gewählt. Es sollte damit erreicht werden, daß die zeitliche Abhängigkeit der Festigkeit derjenigen Klebstoffe von der Kühlmitteleinwirkung, bei denen die Gefahr einer Anlösung besteht, in einem gegenüber normalen Bedingungen kurzen Zeitraum in Erscheinung tritt. Außerdem ist auch unter Umständen im praktischen Betrieb mit hohen Ionenkonzentrationen zu rechnen, wenn die Kühlflüssigkeit nicht mit genügender Sorgfalt angesetzt wird. Die Versuchsergebnisse sind in Tabelle 5 zusammengefaßt. Diese Darstellung wurde der Aufzeichnung in Kurvenform aus Gründen mangelnder Genauigkeit bei der Wiedergabe des tatsächlichen Verlaufs der Abhängigkeit durch nur wenige Versuchspunkte über einen größeren Zeitraum vorgezogen.

Die Anzahl der erforderlichen Proben konnte durch logarithmische Unterteilung der Einwirkungsdauer mittels Normzahlen in erträglichen Grenzen gehalten werden. Die Möglichkeit dazu war umso mehr gegeben, als der Einfluß des Kühlmittels bei den meisten Klebstoffen zu Beginn der Einlagerung am größten war.

Es können nun zwar, wie dies bereits geschehen ist, die Gründe ins Feld geführt werden, die einen Festigkeitsabfall verursachen, eine eindeutige Aussage darüber, welcher Einfluß den Festigkeitsabfall in den einzelnen Fällen verschuldet, geht aber über den Rahmen dieser Arbeit hinaus.

Der Festigkeitsabfall des thermoplasten Vinnapas ist wahrscheinlich zum größten Teil auf eine Wasseradsorbtion und eine damit verbundene Quellung zurückzuführen. Ein Beweis für die Richtigkeit dieser Annahme könnte durch das eindeutige Versagen der Adhäsion nach 31 Tagen Einlagerung gegeben sein. Wenn ein Festigkeitsabfall nicht früher zu erkennen ist, so liegt das lediglich daran, daß die Festigkeit der Klebverbindung in trockenem Zustand nach frischer Klebung erheblich über der Schleifkörperfestigkeit liegt und ein Festigkeitsabfall zwangsläufig erst nach

T a b

Kennwert	Klebstoff	Scherfestigkeit T_{sch_B} [kg/mm²] und Festigkeitsabfall$_B$ [%] nach				Klebstoff	Scherfestigkeit T_{sch_B} [kg/ Festigkeitsabfall$_B$ [%]		
		frischer Klebung	3 Tagen	10 Tagen	31 Tagen		frischer Klebung	3 Tagen	10 Tagen
Bruchbild	Vinnapas (Polyvinylacetat)					Bindemittel 123 B (Äthoxylinharz)			
Scherfestigkeit		über Schleifkörperfestigkeit			0,50		über Schleifkörperfestigkei		
Festigkeitsabfall		-	0	0	50 %		-	0	0
Bruchbild	Korfix Klebefolie (Butyraldehyd)					Zeluphen K (Polyurethan)			
Scherfestigkeit		0,45	0,18	0,03	0		0,66	0,09	0
Festigkeitsabfall		-	67	93	100		-	86	100
Bruchbild	Araldit 121 N (Äthoxylinharz)					Zeluphen AIK (Polyurethan)			
Scherfestigkeit		über Schleifkörperfestigkeit					0,96	0,34	0,3
Festigkeitsabfall		kein Festigkeitsabfall					-	65	65

e 5

Klebstoff	Scherfestigkeit T_{sch_B} [kg/mm^2] und Festigkeitsabfall^B [%] nach				Klebstoff	Scherfestigkeit T_{sch_B} [kg/mm^2] und Festigkeitsabfall^B [%] nach			
	frischer Klebung	3 Tagen	10 Tagen	31 Tagen		frischer Klebung	3 Tagen	10 Tagen	31 Tagen
Asplit N (Phenolharz)					Resinit 240 (Phenolharz)				
	0,36	0,13	0,07	0,03		0,46	0,31	0,30	0,34
		64	81	92		-	33 %	35 %	26 %
Asplit CN + Asplit Unterlage B (Phenol-Furan)									
	0,81	0,81	0,94	0,85					
	kein Festigkeitsabfall								
Asplit CN + Araldit I - Unterlage (Phenol-Furan)									
	0,90	0,79	0,96	0,33					
	kein Festigkeitsabfall			65 %					

Versuchsbedingungen:

Fügeteile: Schleifkörper: NK 30 N
Tragkörper: St 50.11
$R = 50$ [ ]
$F = 1510$ [mm^2]
$d = 0$

Härtung: Nach Vorschrift der Klebstoffhersteller

Prüfung: Bei feuchter Probe

$T_B = 20$ [°C] $\frac{kg}{mm^2 \cdot s}$
$= 0,14$

Kühlflüssigkeit: Diskusol
$P_H = 11,6 \pm 0,1$

Unterschreitung der Schleifkörperfestigkeit erkennbar wird. Wahrscheinlich bewirkt die Wasseradsorbtion anfänglich sogar eine Festigkeitssteigerung, weil dem an und für sich spröden Klebstoff durch Einbau von Wassermolekülen eine größere Zähigkeit verliehen wird.

Bei der Abhängigkeit der thermoplastischen Korfix-Klebefolie dürften beide Einflüsse gleichermaßen eine Rolle spielen: Die Quellung infolge Wasseraufnahme und die Anlösung durch alkalischen Angriff, der bei der chemischen Konstitution dieses Klebstoffes leicht möglich ist.

Der Festigkeitsabfall des thermoelastischen Bindemittels 123 B dagegen wird wohl mehr auf die Wasseraufnahme zurückgeführt werden müssen. Bei näherer Untersuchung müßte aber dem Füllstoff besondere Beachtung geschenkt werden, weil der Klebstoff selbst chemisch derselben Stoffklasse zugehört, wie das thermoelastische Araldit 121 N, dessen ursprüngliche Festigkeit auch nach einer Einlegerung über vier Wochen erhalten blieb. Der Beginn des Festigkeitsabfalls konnte aus den bereits erwähnten Gründen nicht früher erkannt werden.

Der thermoelastische Klebstoff Zeluphen K scheint gegenüber alkalischem Angriff besonders empfindlich zu sein, denn sein Bruchbild zeigt nach völligem Versagen der Adhäsion sogar Auskristallisationen, die auf den fotografischen Aufnahmen als helle Einschlüsse, wenn auch nur schwach, zu erkennen sind.

Der Festigkeitsabfall des thermoelastischen Klebstoffes Zeluphen AIK dürfte ziemlich einwandfrei eine Folge der Wasseraufnahme durch den Füllstoff sein, denn die Festigkeit bleibt nach anfänglicher Abnahme über die Einwirkungsdauer konstant.

Das Festigkeitsverhalten der Thermoelaste Asplit N und Asplit CN stellt insofern einen Sonderfall dar, als die Klebverbindung aus zwei Schichten besteht, dem eigentlichen Klebstoff und einem Metallüberzug als Bindeglied zwischen Metalloberfläche und Klebstoff.

Der thermoelastische Klebstoff Resinit 240 verhält sich wie der Polyurethan-Kleber Zeluphen AIK: nach anfänglichem Festigkeitsabfall bleibt die Scherfestigkeit über die Einwirkungsdauer konstant, wohl gleichfalls eine Ursache der Wasseraufnahme durch den Füllstoff.

3.22 Einfluß der Kühlmittelart

Damit sich die Aussagen über den Einfluß der Kühlflüssigkeit auf die Festigkeit der Klebverbindung nicht auf die Wirkung eines Kühlmittels allein stützen, wurde die Scherfestigkeit der Klebverbindungen nach Einlagerung der Proben in zwei weiteren Kühlflüssigkeiten ermittelt. Zum Vergleich der Versuchsergebnisse mit den im vorhergehenden Abschnitt gewonnenen Werten genügte eine Untersuchung nach einer Einlagerungszeit über 31 Tage.

Die Versuchsergebnisse sind aus Gründen einer besseren Übersicht zusammen mit den entsprechenden Werten aus dem vorhergehenden Abschnitt in Tabelle 6 niedergelegt. Von einer grundlegenden verschiedenen Beeinflussung der Festigkeit durch die einzelnen Kühlmittel kann nicht gesprochen werden. Wenn eine Abhängigkeit vorhanden ist, zeichnet sich in allen Fällen dieselbe Tendenz ab, lediglich die Größe des Festigkeitsabfalls schwankt in bestimmten Grenzen, wahrscheinlich infolge der verschiedenen Zusammensetzung der einzelnen Kühlmittel.

3.23 Einfluß des Kühlmittels bei freiem Luftzutritt

Im praktischen Betrieb ist die Klebverbindung dem Angriff der Kühlflüssigkeit bei gleichzeitig freiem Luftzutritt ausgesetzt.

Aus zeitlichen Gründen war es nicht möglich, diese Beanspruchung bei den Untersuchungen in Abschnitt 3.21 nachzuahmen, was praktisch nur durch Anspritzen der Proben mit Kühlflüssigkeit betriebsnah hätte erreicht werden können (Abb.29). Es wurden aber an einem Klebstoff Stichversuche

A b b i l d u n g 29

Einwirkung des Kühlmittels auf die Klebverbindung bei gleichzeitig freiem Luftzutritt

Tabelle 6

Scherfestigkeit nach Einwirkung verschiedener Kühlflüssigkeiten

Klebstoff	Scherfestigkeit T_{s_B} [kg/mm^2] nach frischer Klebung	Festigkeitsabfall [%] nach 31 Tagen Lagerung in		
		Diskusol	Cimcool	Wisura
Vinnapas (Polyvinylacetat)	über Schleifkörperfestigkeit	50	82	69
Korfix (Butyraldehyd)	0,45	100	78	84
Araldit 121 N (Äthoxylinharz)	über Schleifkörperfestigkeit	0	0	0
Bindemittel 123 B (Äthoxylinharz)	über Schleifkörperfestigkeit	75	30	0
Zeluphen K (Polyurethan)	0,66	100	100	-
Zeluphen AIK (Polyurethan)	0,96	65	73	79
Asplit N (Phenol-Harz)	0,36	92	-	-
Asplit CN und Asplit-Unterlage B (Phenol-Furan-Harz)	0,95	65	50	52
Asplit CN und Araldit - Unterlage (Phenol-Furan-Harz)	0,81	0	21	0
Resinit 240 (Phenol-Harz)	0,46	65	65	67

durchgeführt, die eine möglicherweise verschiedenartige Beeinflussung gegenüber Einwirkung unter Luftabschluß aufzeigen sollten (Tab.7).

Es ergab sich ein im Vergleich zur Einlagerung unter Luftabschluß nach entsprechender Einlagerungsdauer höherer Wert, vielleicht deswegen, weil die Wasseradsorbtion nicht in gleichem Maße wie bei völliger Einlagerung erfolgen konnte.

Tabelle 7

Einfluß des Kühlmittels bei Angriff unter Luftabschluß und bei gleichzeitig freiem Luftzutritt

3tägige Einwirkung von:	geprüft in:	Scherfestigkeit [kg/mm^2]	Festigkeitsabfall [%]
Diskusol unter Luftabschluß	feuchtem Zustand	0,34	65
Diskusol bei freiem Luftzutritt	feuchtem Zustand	0,51	47
Diskusol bei freiem Luftzutritt	trock. Zustand (24 Std. tr. bei 80° C)	0,95	0
Klebstoff: Zeluphen AIK (Polyurethan)	Versuchsbedingungen: Fügeteile:	Schleifkörper: NK 30 N Tragkörper: St 50.11 $F = 1510\ mm^2$ $R = 50\ \mu$	

Daß die Kleberbindung bei diesem Klebstoff nach völliger Trocknung wieder ihren ursprünglichen Wert aufweist, kann als Beweis dafür gewertet werden, daß in diesem Fall die Festigkeitsabnahme bei Einwirkung von Kühlflüssigkeit nur eine Folge der Wasseradsorbtion und der damit verbundenen Schwächung der elektrostatischen Bindung zwischen den Klebstoffmolekülen ist und eine Anlösung des Klebstoffes durch alkalischen Einfluß nicht vorliegen kann. Anzeichen, die darauf hindeuten, daß die Klebefuge durch den Kühlflüssigkeitsstrahl ausgewaschen werden kann, wurden nach 150stündigem scharfem Anspritzen noch nicht beobachtet.

3.24 Einfluß der Alterung

Es ist bekannt [55], daß die Scherfestigkeit von Klebverbindungen bei Verwendung von Klebstoffen aus Polyurethanen durch Alterung beeinflußt wird und zwar im positiven Sinne. Diese Verbesserung der Festigkeitseigenschaften geht sicherlich nicht auf äußere Einflüsse zurück, sondern auf eine Absättigung noch freier Valenzen im Zuge der Polyaddition, die im Zeitpunkt des Lagerungsbeginnes noch nicht abgeschlossen war.

Wenn auch dann nur eine langsame Reaktionsgeschwindigkeit aber eine in stöchiometrischer Hinsicht richtige Mischung der Komponenten vorgelegen hat, so macht die Erscheinung immerhin auf eine Gefahr aufmerksam, die dann entstehen kann, wenn die Mischung die stöchiometrische Bedingung nicht erfüllt und noch freie Hauptvalenzen übrigbleiben. Bei Lagerung der Klebverbindung in feuchter Atmosphäre ist eine Reaktion der noch freien Hydroxylgruppen mit Wassermolekülen der Luft zu erwarten, die einen Festigkeitsabfall mit sich bringen wird.

Tabelle 8

Alterungsbeständigkeit

Klebstoff	Scherfestigkeit [kg/mm^2] nach frisch. Klebung / 4 Monaten	Klebstoff	Scherfestigkeit [kg/mm^2] nach frisch. Klebung / 4 Monaten
Vinnapas (Polyvinylacetat)	über Schleifkörperfestigkeit	Zeluphen AIK (Polyurethan)	0,96 / 0,95
Korfix (Butyraldehyd)	0,45 / 0,49	Asplit CN+I (Phenol-Furan)	0,81 / 0,74
Araldit 121 N (Äthoxylinharz)	über Schleifkörperfestigkeit	Asplit CN+B (Phenol-Furan)	0,95 / 0,75
Bindemittel 123 B (Äthoxylinharz)	über Schleifkörperfestigkeit	Resinit 240 (Phenolharz)	0,39 / 0,41
Zeluphen K (Polyurethan)	0,66 / 0,62	Versuchsbedingungen:	
Fügeteile:	Schleifkörper: NK 30 N Tragkörper: St.50.11 F = 1510 mm^2 R = 50 µ	Lagerung: T_L = 20°C Prüfung: T_B = 20°C φ = 0,14 kg/mm^2	

Die beiden untersuchten Polyurethan-Kleber wurden unter Überdosis der die Härtung bewirkenden Komponente gemischt. Nach viermonatiger Lagerung war noch kein ausgesprochener Festigkeitsabfall zu erkennen.

Sind die Klebverbindungen bei der Lagerung abwechselnd feuchter und trokkener Atmosphäre ausgesetzt, dann können wechselnde Adsorbtion und Desorbtion von Wasser eine Lockerung der Bindung an der Grenzfläche bewirken, zumal bei Klebefugen warmhärtender Klebstoffe, an deren Grenzflächen Schrumpf- und Kontraktionsspannungen in tangentialer Richtung die Adhäsion beanspruchen. Der Festigkeitsabfall der beiden untersuchten Phenol-Furanharze bzw. deren Metallunterlagen wird wohl darauf zurückzuführen sein. In beiden Fällen löste sich die Unterlage nach einer äußeren Belastung ab, die gegenüber der ursprünglichen Festigkeit gemessen nach frischer Klebung kleiner war. Außerdem erfolgte der Bruch bei Prüfung nach frischer Klebung in der Fuge durch Versagen der Kohäsion des Phenol-Furanharzes.

Alle übrigen, einem Alterungsversuch unterworfenen Klebstoffe zeigten nach viermonatiger Lagerung noch keinen Abfall der Scherfestigkeit. Wenn auch eine Lagerungsdauer von vier Monaten für Alterungsversuche sehr kurz ist, so zeigt sich dennoch, daß bei alterungsanfälligen Klebverbindungen bereits nach relativ kurzer Lagerung ein Festigkeitsabfall in Erscheinung treten kann.

3.25 Scherfestigkeit aufgeklebter Segmente am Prüfstand für schnellumlaufende Werkzeuge ermittelt

Sämtliche bisher durchgeführten Scherfestigkeitsuntersuchungen waren statischer Art. Zur Klärung der Frage, ob mit den dabei erhaltenen Festigkeitswerten auch bei Beanspruchung der Klebverbindung durch Fliehkraft gerechnet werden kann, wurden Schleifkörper derselben Abmessungen, Bindung und Körnung auf eine Stahlscheibe aufgeklebt (Abb.30) und die Drehzahl bei Bruch der Klebverbindung oder des Schleifkörpers gemessen.

Die auf die Klebverbindung wirkende Fliehkraft ergibt sich aus der gemessenen Drehzahl über die bekannte Beziehung:

$$Z = m_S \cdot r_m \cdot \left(\frac{\pi \cdot n}{30}\right)^2 \; [kg]$$

und daraus schließlich die höchste ertragene Scherspannung:

$$\tau_{SB} = \frac{Z}{F} \; [kg/mm^2]$$

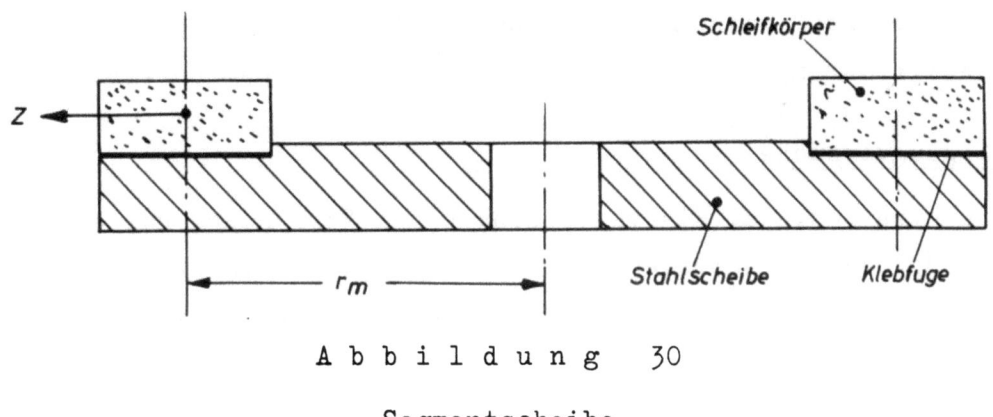

Abbildung 30

Segmentscheibe

Tabelle 9

Bruch-Scherspannungen aus statischen und dynamischen Scherversuchen

Klebstoff	τ_B [kg/mm²] Beanspruchung statisch / dynamisch	Klebstoff	τ_B [kg/mm²] Beanspruchung statisch	dynamisch
Vinnapas (Polyvinylacetat)	über Schleifkörperfestigkeit	Zeluphen AIK (Polyurethan)	0,96	0,82
Araldit 121 N (Äthoxylinharz)	über Schleifkörperfestigkeit	Asplit CN + I (Phenol-Furanharz)	0,81	0,64
Bindemittel 123 B (Äthoxylinharz)	über Schleifkörperfestigkeit	Versuchsbedingungen:		
Fügeteile:	Schleifkörper: NK 30 N Tragkörper: St 50.11 F = 1510 mm² R = 50 µ	Prüfung: t_B = 20°C		

In Tabelle 9 sind die in dynamischen Kontrollversuchen umlaufend am Prüfstand ermittelten Scherfestigkeitswerte derjenigen Klebstoffe den entsprechenden Werten aus dem statischen Versuch gegenübergestellt, die sich in den bisherigen Untersuchungen als am brauchbarsten herausgestellt haben. Der gegenüber den Versuchsergebnissen aus dem statischen Versuch geringere Wert als aus den dynamischen Versuchen sowohl der Schleifkörperfestigkeit als auch der Scherfestigkeit des Phenol-Furanharzes

Asplit CN mit Araldit-Unterlage I und des Polyurethans Zeluphen AIK geht aus der zusätzlichen Beanspruchung durch Beschleunigungskräfte bei Steigerung der Drehzahl zurück. Eine zusätzliche Biegebeanspruchung lag sowohl im Falle der dynamischen als auch der statischen Untersuchungen vor.

3.3 Schlagzugversuche

Es ist zu erwarten, daß Klebverbindungen bei Verwendung harter und insbesondere spröder Klebstoffe gegenüber Schlagbeanspruchung empfindlich sind. Deswegen sind im folgenden die bereits im vorhergehenden Abschnitt ausgesonderten Klebstoffe auf ihre Schlagempfindlichkeit untersucht worden.

3.31 Versuchsanordnung und Versuchsdurchführung

Die Empfindlichkeit gegenüber Schlag wurde im Zugversuch bei hoher Belastungsgeschwindigkeit unter Verwendung einer 10-t-Exzenterpresse, Bauart BERRENBERG, untersucht. Als Maß der Schlagfestigkeit diente nicht die in der Werkstoffprüfung übliche Schlagarbeit, sondern die höchste ertragene Zugspannung σ_{ZB}, die unmittelbar mit den entsprechenden Werten des statischen Versuchs verglichen werden kann, und damit sofort eine Aussage des Festigkeitsverhaltens bei Schlag gegenüber dem Festigkeitsverhalten bei statischen Beanspruchungen gestattet.

Die Versuchsanordnung geht aus Abbildung 31 hervor. Auf den unteren Tragkörper a der in Abbildung 32 dargestellten Prüfkörper mit aufgeschraubtem und bereits beschriebenem Dehnungsgeber wurde eine Druckbüchse b zentrisch aufgesetzt, der die Aufgabe zukam, die Stößelkraft bezüglich der zu prüfenden Klebverbindung c umzukehren und dort eine Zugbeanspruchung hervorzurufen. Der Prüfkörper selbst war in einen Querträger d eingeschraubt, der seinerseits wieder auf zwei U-Trägern befestigt war. Die vom Stößel auf die Druckbüchse aufgebrachte Kraft wurde mittels einer elektrischen Kraftmeßdose e gemessen und der Kraftverlauf über der Zeit nach Verstärkung der Gebersignale durch eine dynamische Meßbrücke, Bauart BRANDAU, von einem Schleifenoszillographen, Bauart FISCHER, registriert. Die Wirkungsweise des Dehnungsgebers und die Ermittlung des Dehnungsverlaufes in Abhängigkeit der Zeit wurde unter Abschnitt 2.1 bereits beschrieben.

Abbildung 31

Versuchsanordnung beim Schlagversuch

Abbildung 32

Prüfkörper mit Dehnungsgeber

3.32 Versuchsergebnisse

Die jeweils höchst ertragene Zugspannung σ_{ZB} bei Schlagbeanspruchung ergab sich aus der Lastaufzeichnung (Abb.33) nach entsprechender Umrechnung über die Eichkurve und Berücksichtigung der Klebefläche F.

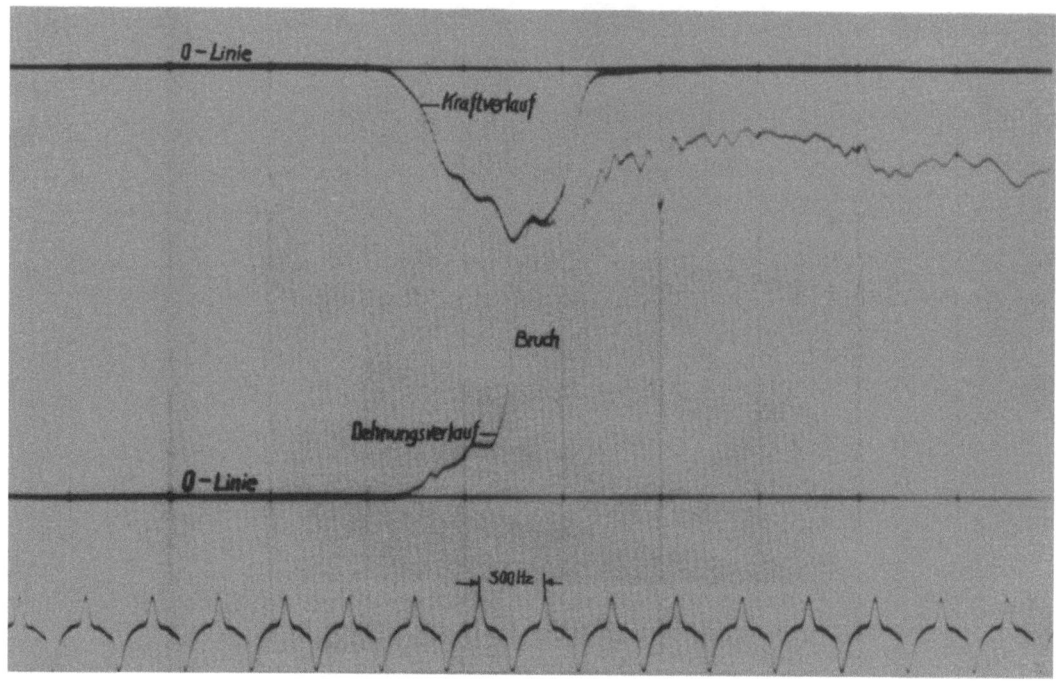

A b b i l d u n g   33

Stößelkraft und Fugendehnung in Abhängigkeit der Zeit

Die äußerst kurze Schlagzeit von etwa durchschnittlich 1/200 [s] erlaubte zwar mit der verwendeten meßtechnischen Einrichtung eine einwandfreie Messung der Höchstlast und der größten Dehnung, aber nicht mehr eine genügend genaue Ermittlung des Spannungs-Dehnungsverlaufs. Aus diesem Grunde wurde in Tabelle 10 nur die Bruchlast angegeben und zu Vergleichszwecken den entsprechenden Werten aus dem statischen Versuch gegenübergestellt.

Während die im statischen Zugversuch die Schleifkörperfestigkeit übertreffenden Klebstoffe auch bei Schlagbeanspruchung dieselbe Eigenschaft zeigten, fiel die Festigkeit des spröden Phenol-Furanharzes bei Schlagbeanspruchung gegenüber der statischen Zugbeanspruchung ab.

Tabelle 10

Schlagzugfestigkeit

Klebstoff	σ_B [kg/mm²] Beanspruchung		Klebstoff	σ_B [kg/mm²] Beanspruchung	
	Schlag $\varphi=0,46$	stat. $\varphi=0,14$		Schlag $\varphi=0,46$	stat. $\varphi=0,14$
Vinnapas (Polyvinylacetat)	über Schleifkörperfestigkeit		Zeluphen AIK (Polyurethan)	über Schleifkörperfestigkeit	
Araldit 121 N (Äthoxylinharz)	über Schleifkörperfestigkeit		Asplit CN + I (Phenol-Furan)	0,3	0,75
Bindemittel 123 B (Äthoxylinharz)	über Schleifkörperfestigkeit		Versuchsbedingungen:		
Fügeteile:	Schleifkörper: NK 30 N Tragkörper: St 50.11 F = 1810 mm² R = 50 µ		Prüfung $T_B = 20°C$		

3.4 Dauerversuche

Aus den Versuchsergebnissen des Abschnittes 2.22 geht hervor, daß bei Aussagen über die Festigkeit von Klebverbindungen bei Verwendung von Klebern aus Kunststoffen zeitliche Einflüsse berücksichtigt werden müssen, die sich durch Kriechen bei gleichzeitigem Abfall der Elastizitätsgrenze bemerkbar machen.

Deswegen wurde anfänglich versucht, die Zeit-Dehnungsgrenze wenigstens der Polyurethan-Klebstoffe und des Phenol-Furan-Klebstoffes, bei denen eine Abhängigkeit der Zugfestigkeit von der Belastungsgeschwindigkeit ermittelt werden konnte, festzustellen. Das Vorhaben scheiterte aber an der geringen Dauerstandfestigkeit der Schleifkörper, die nur etwa die Hälfte der im Kurzversuch ermittelten Festigkeit betragen dürfte.

Es gelang jedoch, das Dauerfestigkeitsschaubild des Phenol-Furan-Klebstoffes im Schwingversuch bei Zugschwellbeanspruchung zu bestimmen (Abb.34). Alle übrigen, in Tabelle 8 aufgeführten Klebstoffe waren der Ermittlung ihrer Wöhlerlinien nicht zugänglich, da die Zeitfestigkeit stets unter derjenigen der Schleifkörper lag.

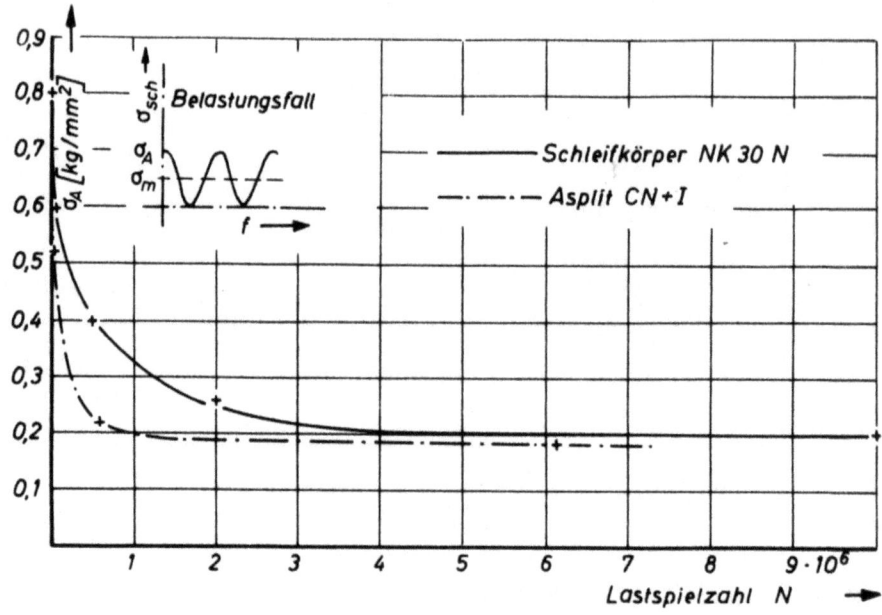

Abbildung 34

Dauerfestigkeit von Asplit CN und Schleifkörpern aus NK 30 N

5. Zusammenfassung

Der erste Teil der Festigkeitsuntersuchungen an Klebverbindungen zwischen Schleif- und metallischen Tragkörpern berichtet über die verschiedenen Einflußgrößen, die die Festigkeit der Klebverbindung beeinflussen. Sie wurden vorwiegend unter statischer Last im Zug- und Scherversuch gefunden. Dabei stellte es sich heraus, daß vier von den zehn untersuchten, in Anlage 5 zusammengestellten Klebstoffen Klebverbindungen ergaben, deren Festigkeit über der der benutzten Schleifkörper, der Körnung 30 und der Härte N lag. Um auch ihr Verhalten kennenzulernen, wurden die Spannungs-Dehnungskurven im Zugversuch aufgenommen. Hierdurch war es zugleich möglich, die Streckgrenze und das Fließverhalten im Kurzversuch zu erfassen und damit den zeitlichen Einfluß auf die Festigkeit kennenzulernen, der besonders bei den untersuchten hochpolymeren Verbindungen von überragender Bedeutung ist.

In ihrem Verhalten unterschieden sich die thermoplastischen, schmelzbaren Kunststoffe grundsätzlich von den thermoelastischen, auch härtbare Kunststoffe genannt, die ihre Festigkeit durch chemische Vernetzung erhalten.

Von der ersten Gruppe sind das Polyvinylacetat und Butyraldehyd, von der zweiten Gruppe Äthoxylinharze, Polyurethane und Phenolformaldehyd-Kondensationsprodukte in die Untersuchungen einbezogen worden.

Sofern die Klebverbindung einer Zug- oder Scherbeanspruchung erlag, so rissen die Versuchskörper quer durch die Klebefuge infolge unzureichender Kohäsionskräfte, während ein Ablösen des Klebstoffes vom Tragkörper infolge unzureichender Adhäsionskraft nur bei durch Kühlmittel zersetzten Verbindungen und bei verhältnismäßig hohen Temperaturen beobachtet wurde. Somit bestimmten die Kohäsionskräfte des Klebstoffes weitgehendst die Festigkeit der Klebverbindung.

Anhand von Zugspannungs-Dehnungsbildern ist der Einfluß der Klebfugendicke und in Abhängigkeit von der Aushärtetemperatur der mit dieser eng verbundene Einfluß der Oberflächenrauheit der Klebflächen ermittelt worden. Eine dicke Klebefuge setzt die Streckgrenze der Klebverbindung herab und führt unter Zugbelastung zum Einschnüren der Klebeschicht und einer entsprechend der Querschnittsverminderung niedrigeren Bruchfestigkeit. Durch die Forderung nach einem zusammenhängenden homogenen Klebstoff-Film erhöht die Oberflächenrauheit die Fugendicke und verringert dadurch die Festigkeit der Verbindung.

Klebverbindungen, deren Tragkörper eine geringe Oberflächenrauheit aufwiesen und durch eine dünne Klebfuge mit dem Schleifkörper verbunden waren, besaßen die größte Festigkeit.

Mit der gleichen Versuchsanordnung wurde der Einfluß der klebungsvorbereitenden Maßnahmen untersucht. Eine sorgfältige Säuberung der Fügeflächen ist die Vorbedingung für eine gleichmäßige Ausbildung des Klebefilms. Bei lösungsmittelhaltigen Klebstoffen dürfen die Fügeteile nach dem Bestreichen mit Klebstoff erst nach einer bestimmten Zeit, der sogenannten offenen Zeit, zusammengesetzt werden, damit das Lösungsmittel durch die Klebstoffschicht verdunsten kann. Die thermoelastischen Klebstoffe, die durch chemische Vernetzung abbinden, benötigen zum Aushärten eine bestimmte Zeit, die durch Wärmezufuhr abgekürzt werden kann. Erst wenn eine vollständige Vernetzung stattgefunden hat, erreichen sie ihre ganze Festigkeit und sind alterungsbeständig. Eine langsame Abkühlung der warm ausgehärteten Klebverbindungen fördert bei thermoelastischen Klebstoffen die Ausbildung von die Festigkeit steigernden, kristallinen Bereichen und verringert auch bei thermoplastischen Klebemitteln die Bildung von Schrumpfspannungen in der Fuge.

Durch Zug- und Scherversuche ist das Verhalten der Klebverbindung bei verschiedener mechanischer Beanspruchung durch Zuglast, bei veränderlicher Belastungsgeschwindigkeit bis zur Schlagbeanspruchung und durch Scherkraft untersucht worden. Mit zunehmender Belastungsgeschwindigkeit nimmt die Festigkeit der Klebverbindung zu und die Streckgrenze steigt an. Bis auf die mit Korfix-Klebefolie geklebten Verbindungen überstieg die Scherfestigkeit die der Zugfestigkeit. Die Dauerstandsfestigkeit aller untersuchten Klebstoffe bis auf das Phenol-Furanharz Asplit lag über der der Schleifkörper, die selbst im Zugschwellversuch die Hälfte ihrer Festigkeit einbüßten. Sie wich aber auch beim Asplit nur geringfügig von der des Schleifkörpers ab. Unter Temperatureinwirkung verlor bei den meisten Klebstoffen die Klebverbindung schnell an Festigkeit. Bei den thermoplastischen Klebstoffen fiel sie von einer bestimmten Temperatur steil bis zur Bedeutungslosigkeit ab. Die durch chemische Hauptvalenzen vernetzten unschmelzbaren thermoelastischen Klebstoffe hingegen verloren mit steigender Temperatur durch chemische Zersetzung erst allmählich ihre Festigkeit.

Durch die betriebsnäheren Scherversuche ist die Beständigkeit der Klebverbindung gegen Kühlmittel geprüft worden. Hierbei zeichneten sich das Araldit und Asplit CN auf Araldit-I-Unterlage als besonders beständig aus. Die mit den anderen untersuchten Klebstoffen geklebten Verbindungen lösten sich an der Grenzfläche der Tragkörper, brachen also durch Versagen der Adhäsionskräfte.

Bis auf die Phenol-Furan-Harze (Asplit) verlor keiner der untersuchten Klebstoffe nach viermonatiger Alterung an Festigkeit. Bei ersteren löste sich die Unterlage nach Aufbringung von Scherkräften, die kleiner waren als die nach frischer Klebung gemessenen.

Die Untersuchungen haben gezeigt, daß mit hochpolymeren Klebstoffen Schleifkörper auf metallischen Tragkörpern zuverlässig geklebt werden können und bei den Betriebsbedingungen bei angepaßter Wahl des Klebstoffes und bei Einhaltung der Klebebedingungen Verbindungen geschaffen werden, deren Festigkeit die der Schleifkörper übertrifft.

Hannover, den 15.November 1957

Anlage:

Schaubilder

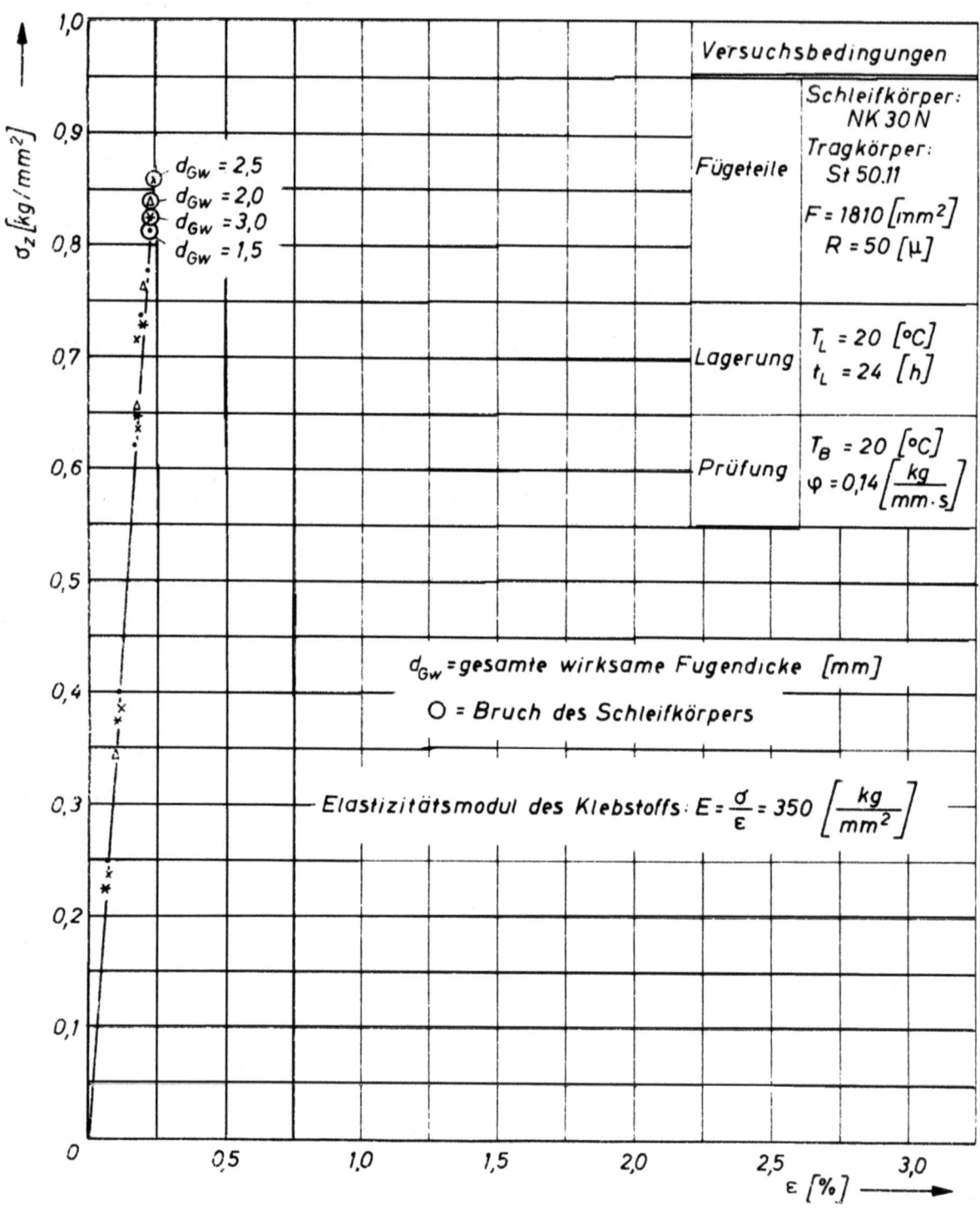

Anlage 2.12.1

Spannungs-Dehnungsschaubild in Abhängigkeit von der Fugendicke
Vinnapas (Polyvinylacetat)

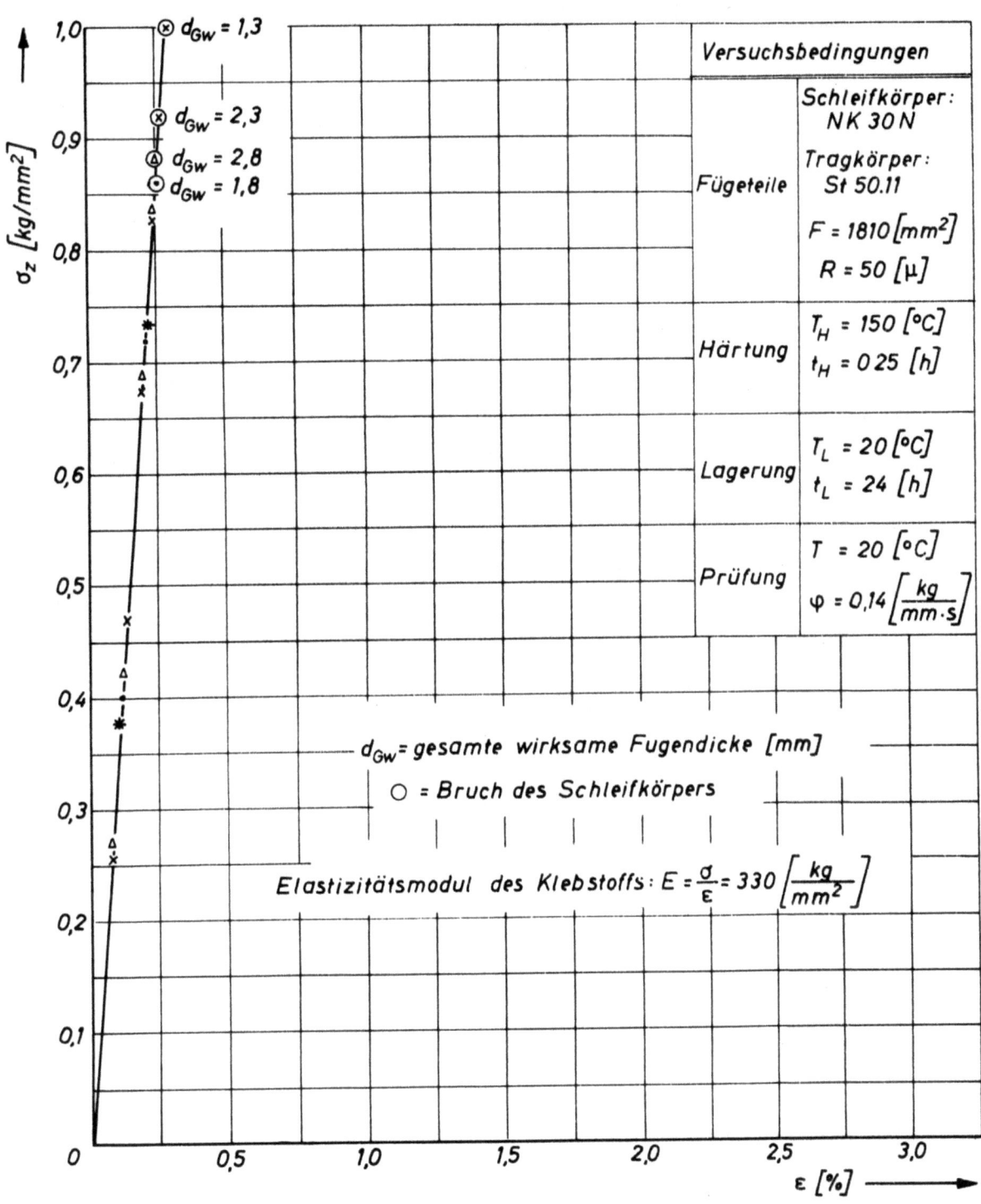

Anlage 2.12.2

Spannungs-Dehnungsschaubild in Abhängigkeit von der Fugendicke
Araldid 121 N (Äthoxylin)

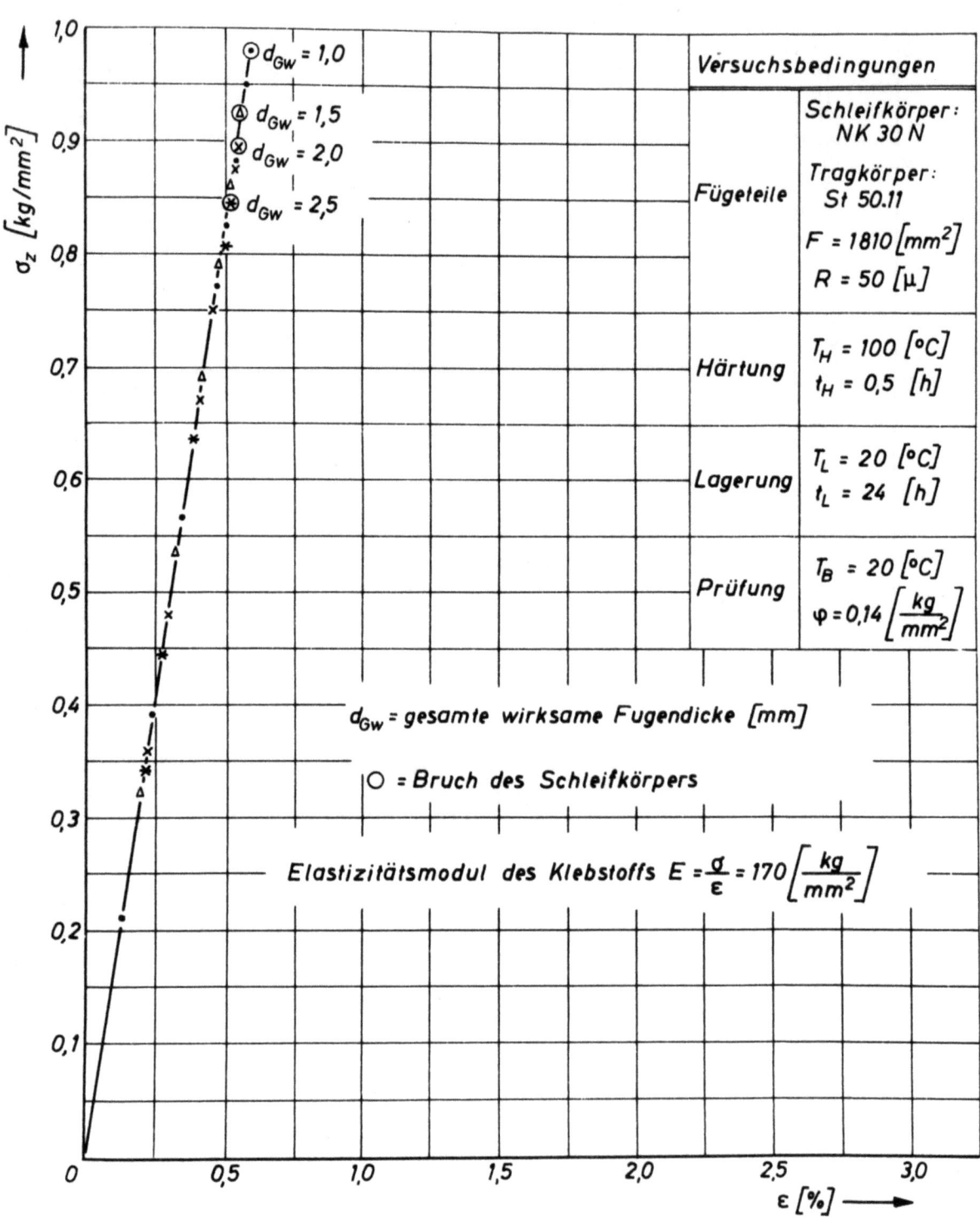

Anlage 2.12.3

Spannungs-Dehnungsschaubild in Abhängigkeit von der Fugendicke
Bindemittel 123 B (Äthoxylin)

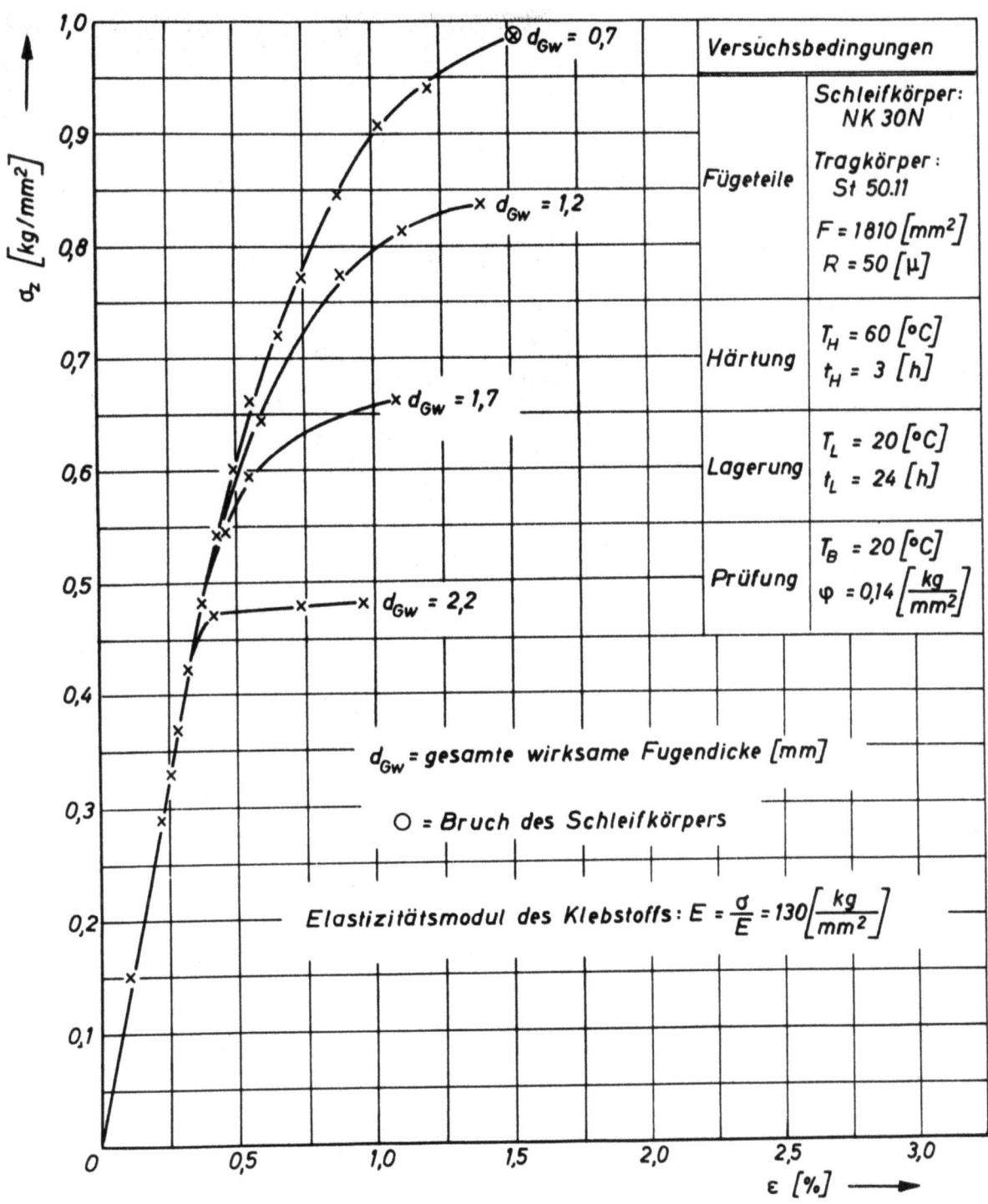

Anlage 2.12.4

Spannungs-Dehnungsschaubild in Abhängigkeit von der Fugendicke
Zeluphen AIK (Polyurethan)

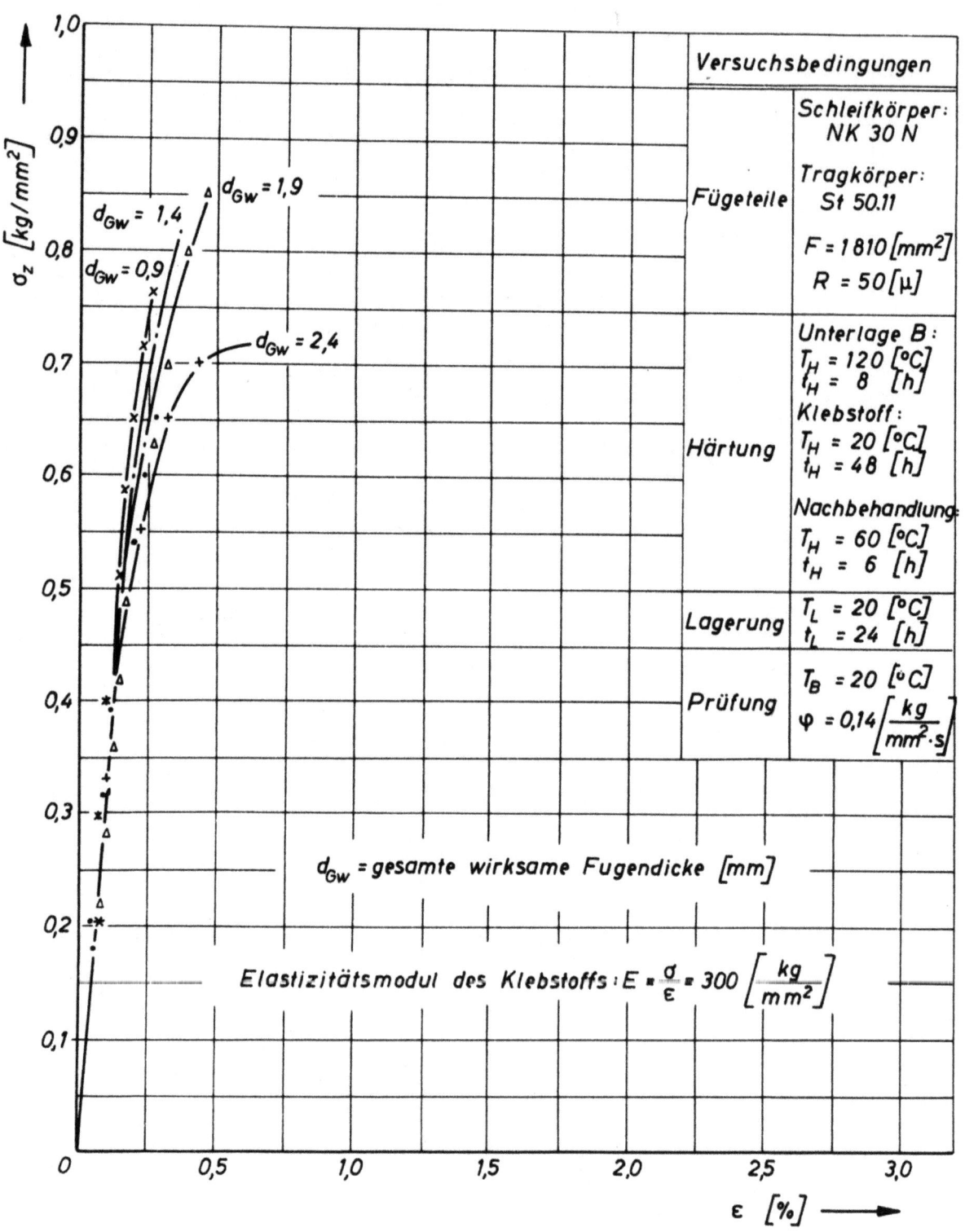

Anlage 2.12.5

Spannungs-Dehnungsschaubild in Abhängigkeit von der Fugendicke
Asplit CN + Unterlage B (Phenol-Furan)

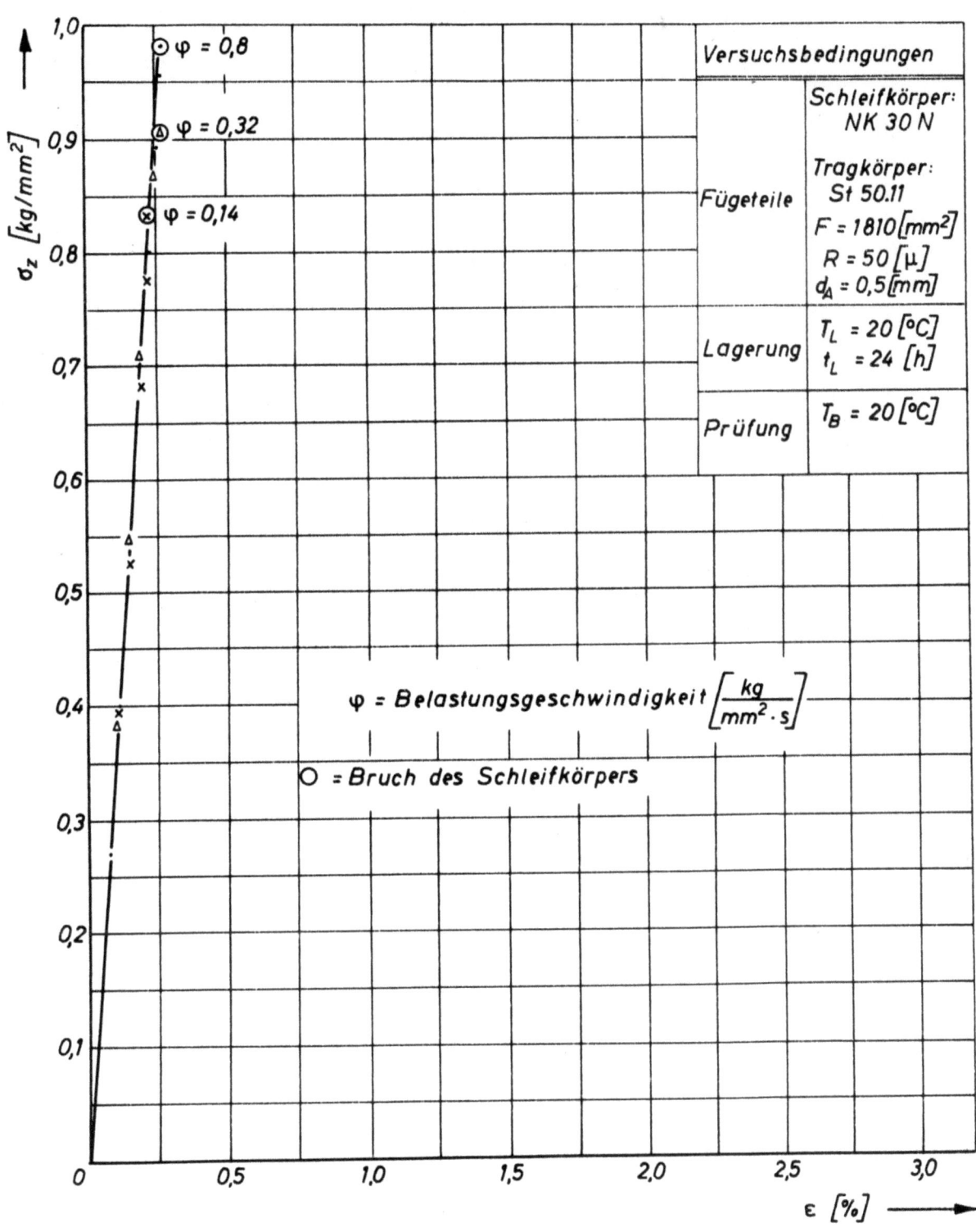

Anlage 2.13.1

Spannungs-Dehnungsschaubild in Abhängigkeit von der Belastungsgeschwindigkeit Vinnapas (Polyvinylacetat)

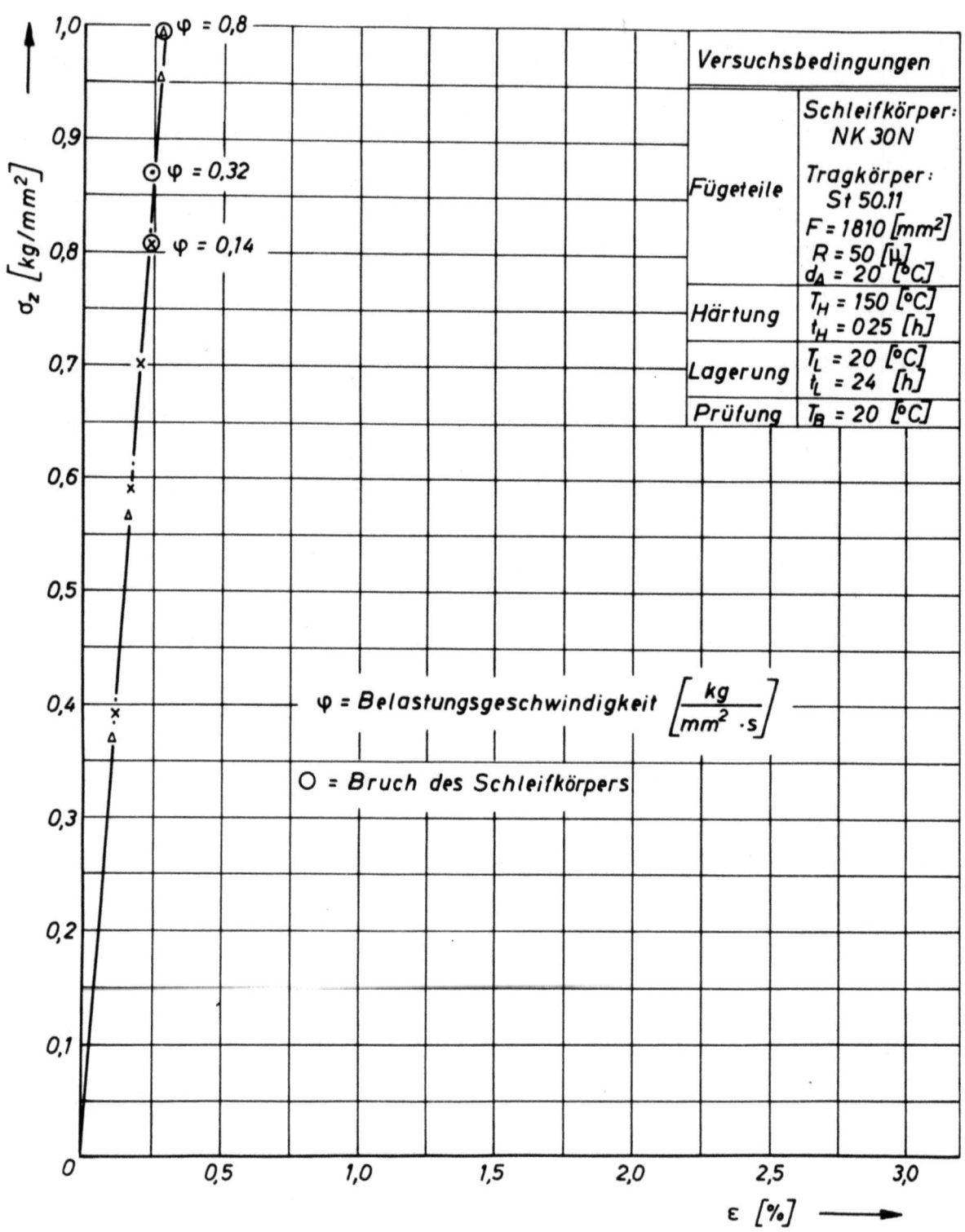

Anlage 2.13.2

Spannungs-Dehnungsschaubild in Abhängigkeit von der Belastungsgeschwindigkeit Araldit 121 N (Äthoxylin)

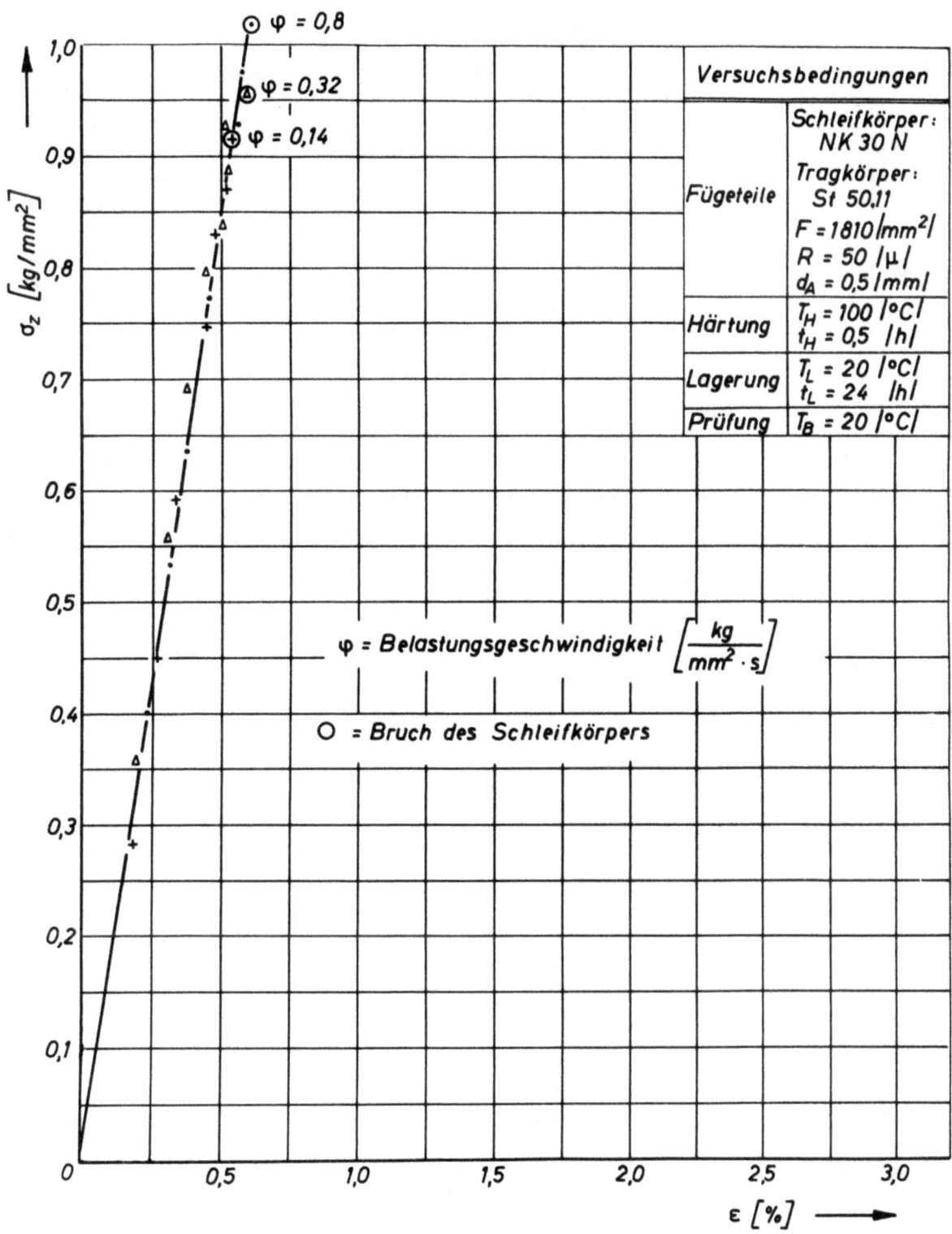

Anlage 2.13.3

Spannungs-Dehnungsschaubild in Abhängigkeit von der Belastungsgeschwindigkeit Bindemittel 123 B (Äthoxylin)

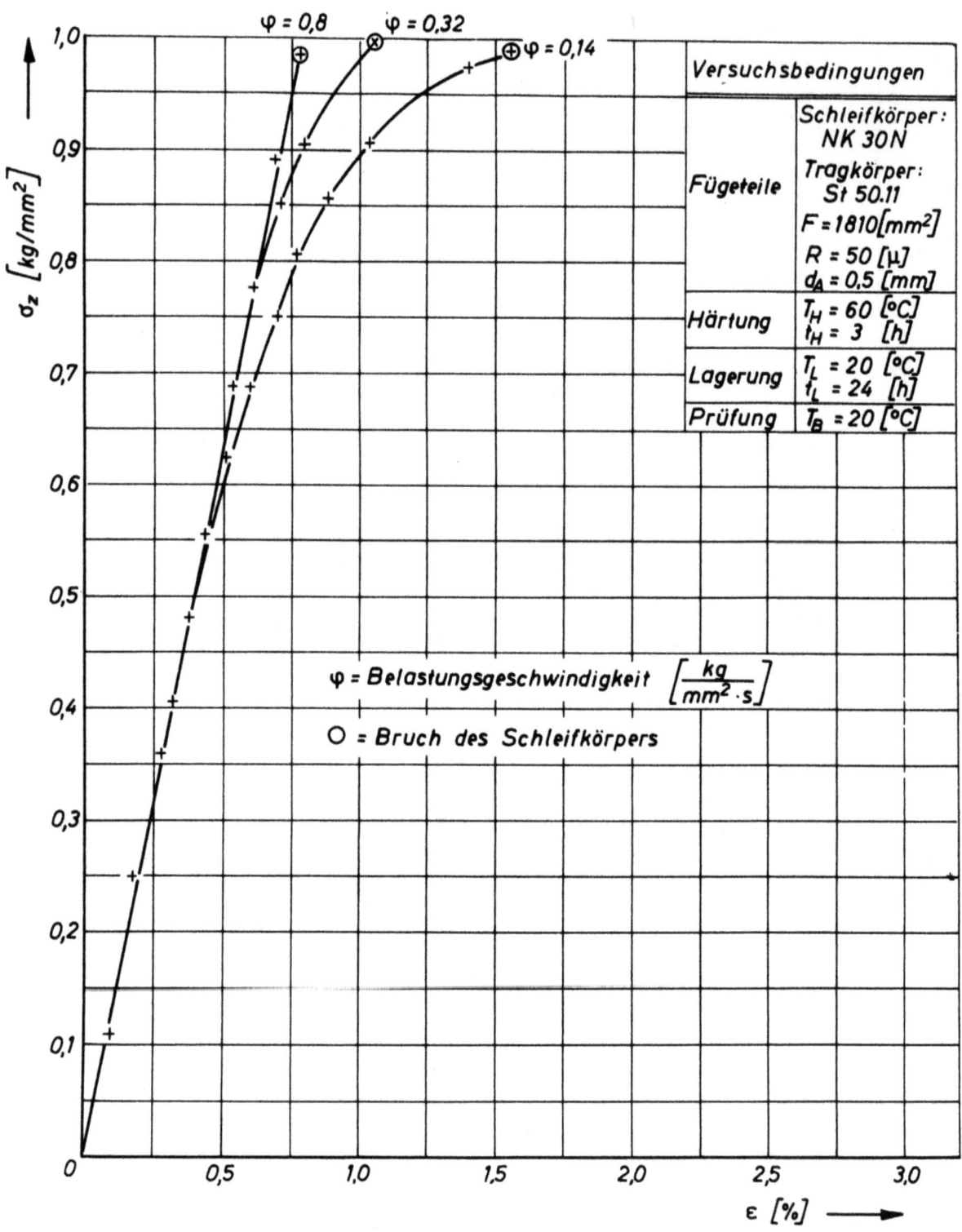

Anlage 2.13.4

Spannungs-Dehnungsschaubild in Abhängigkeit von der Belastungsgeschwindigkeit Zeluphen AIK (Polyurethan)

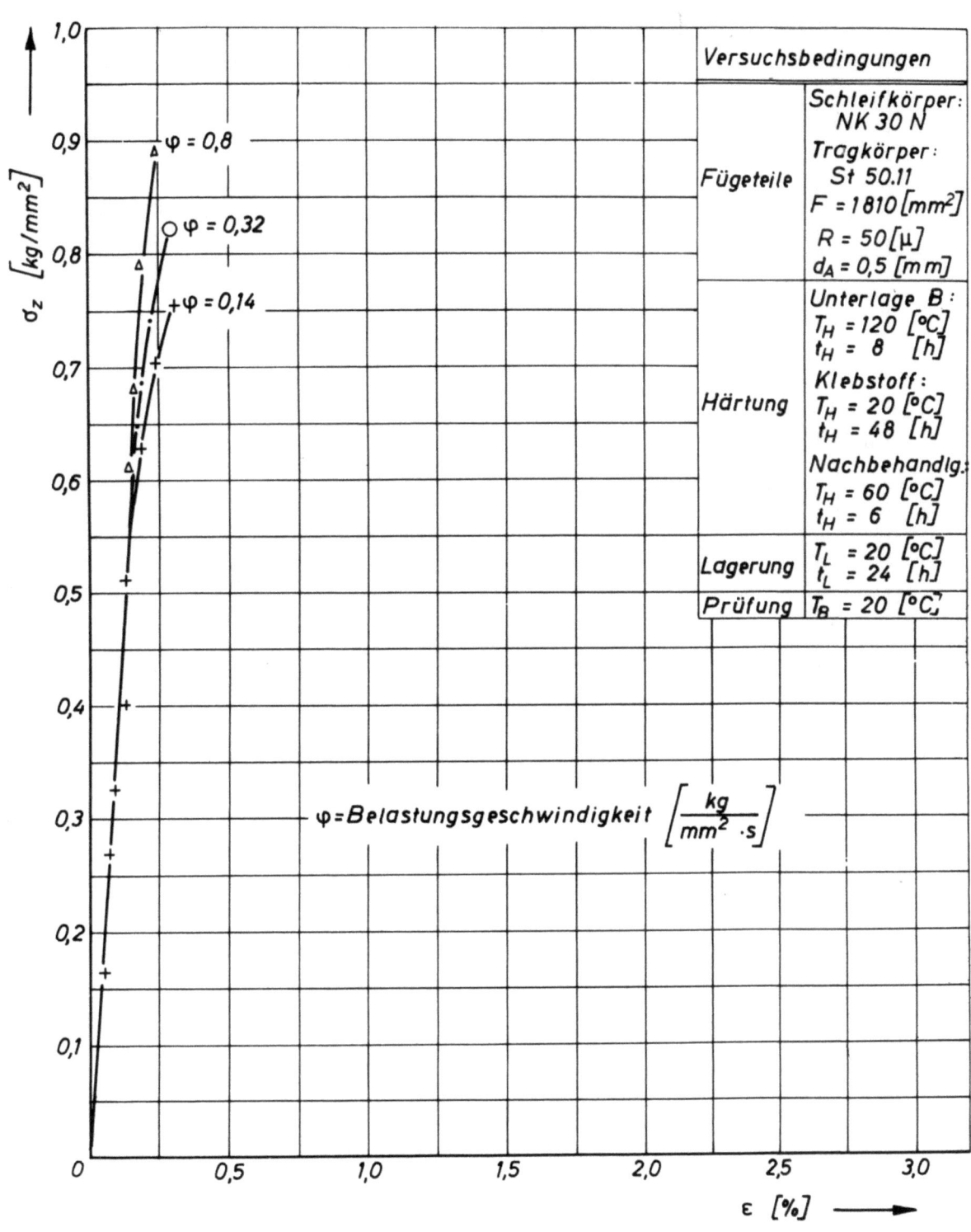

Anlage 2.13.5

Spannungs-Dehnungsschaubild in Abhängigkeit von der Belastungsgeschwindigkeit Asplit CN + Unterlage B (Phenol-Furan)

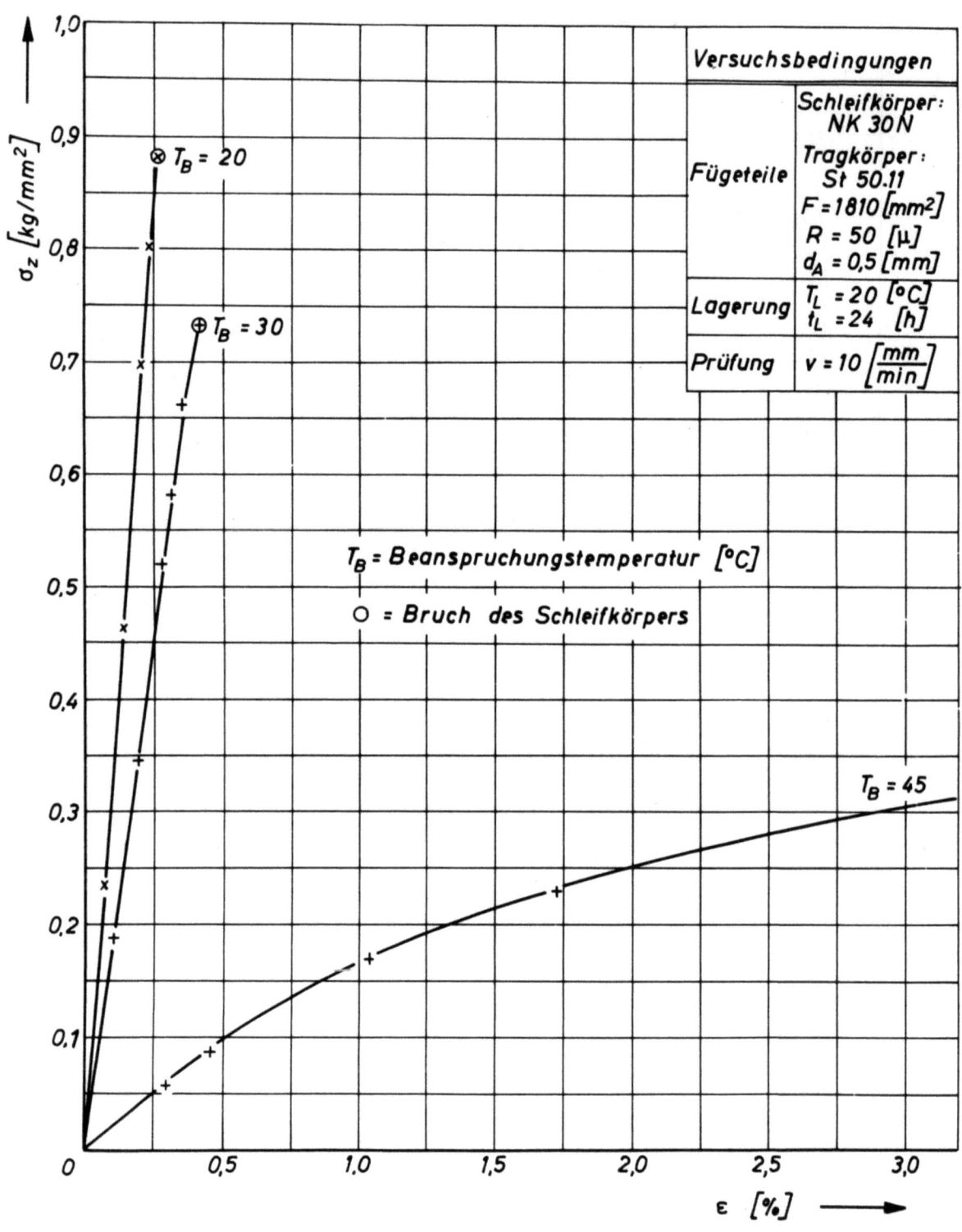

Anlage 2.14.1

Spannungs-Dehnungsschaubild in Abhängigkeit von der Beanspruchungstemperatur Vinnapas (Polyvinylacetat)

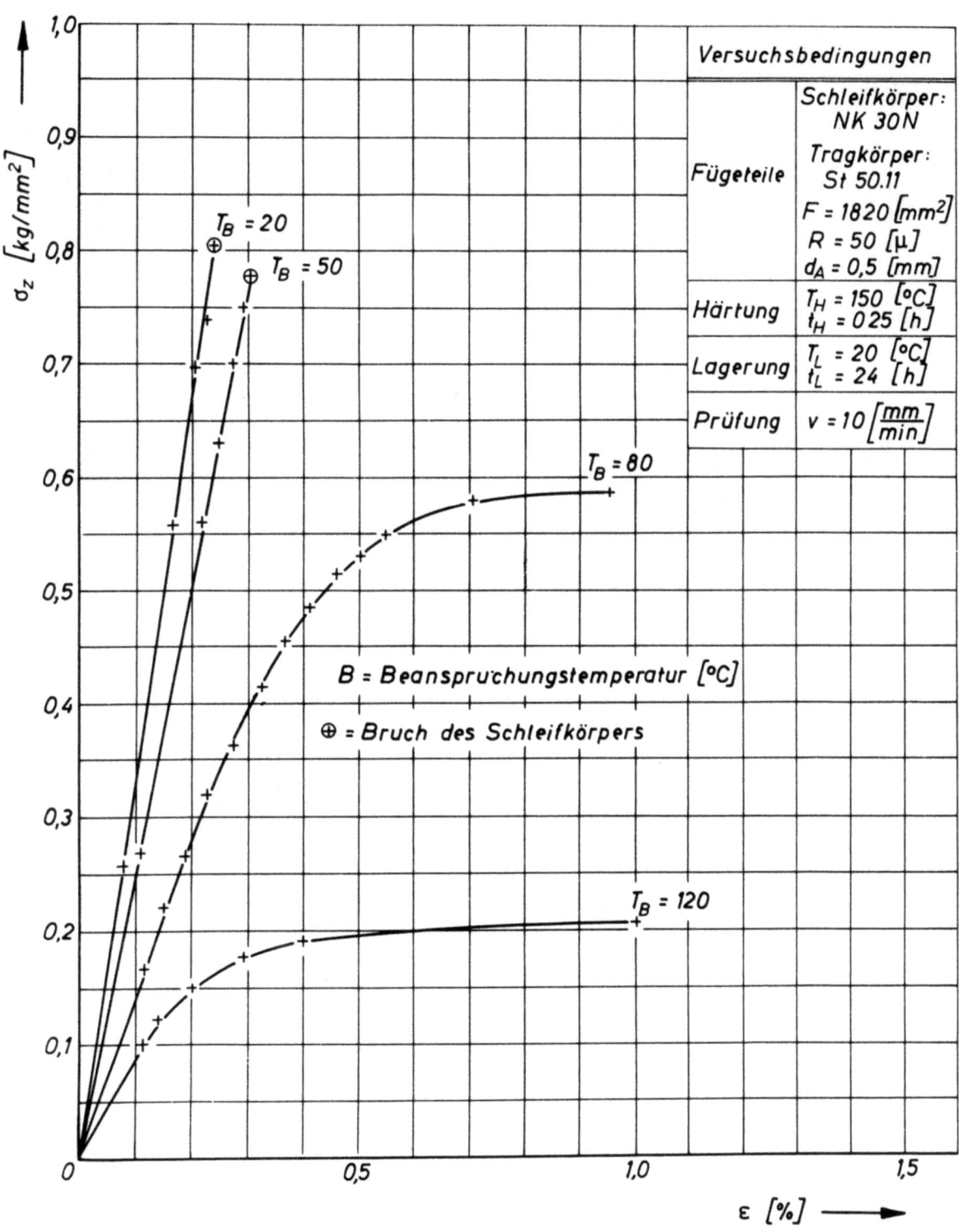

Anlage 2.14.2

Spannungs-Dehnungsschaubild in Abhängigkeit von der Beanspruchungstemperatur Araldit 121 N (Äthoxylin)

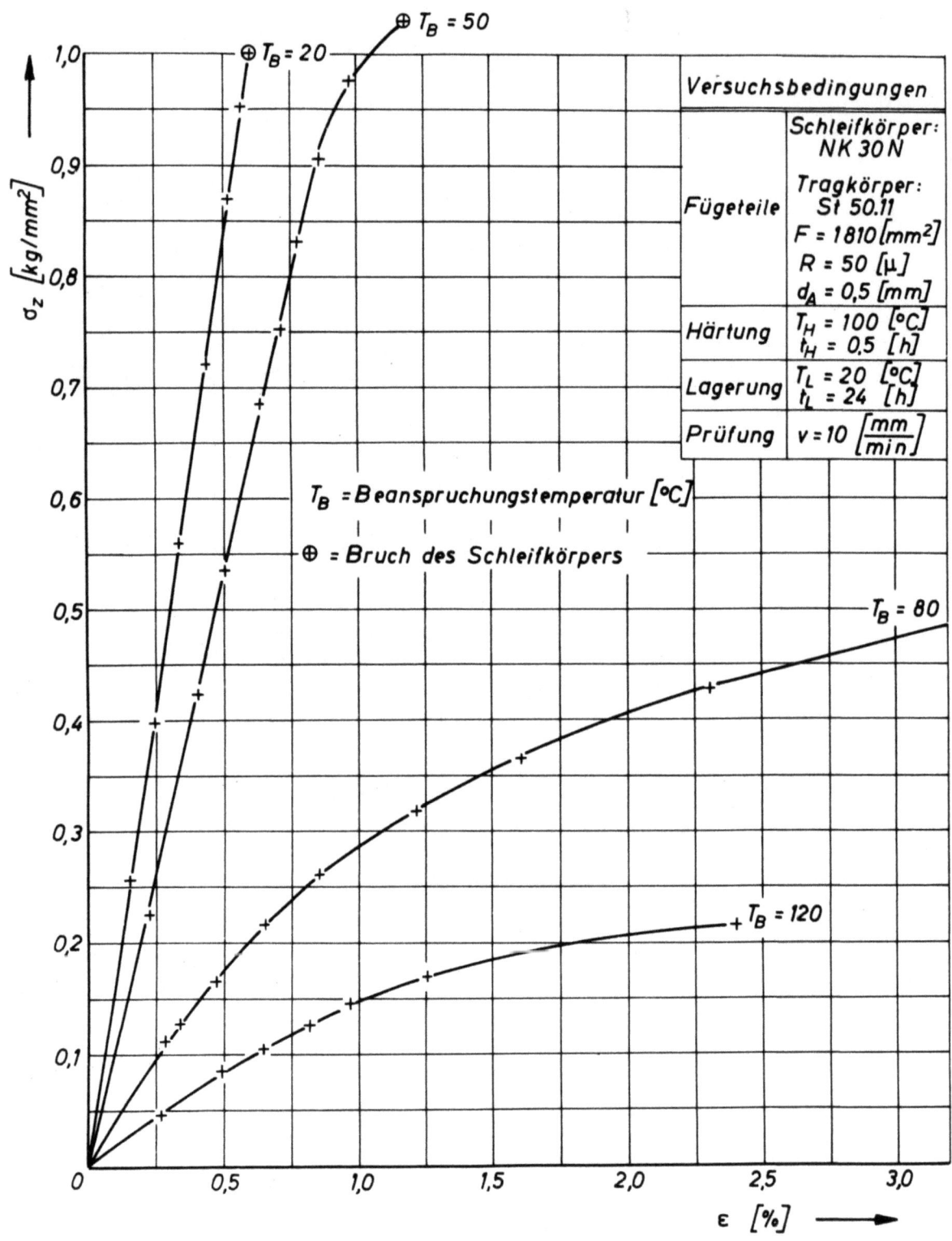

Anlage 2.14.3

Spannungs-Dehnungsschaubild in Abhängigkeit von der Beanspruchungstemperatur Bindemittel 123 B (Äthoxylin)

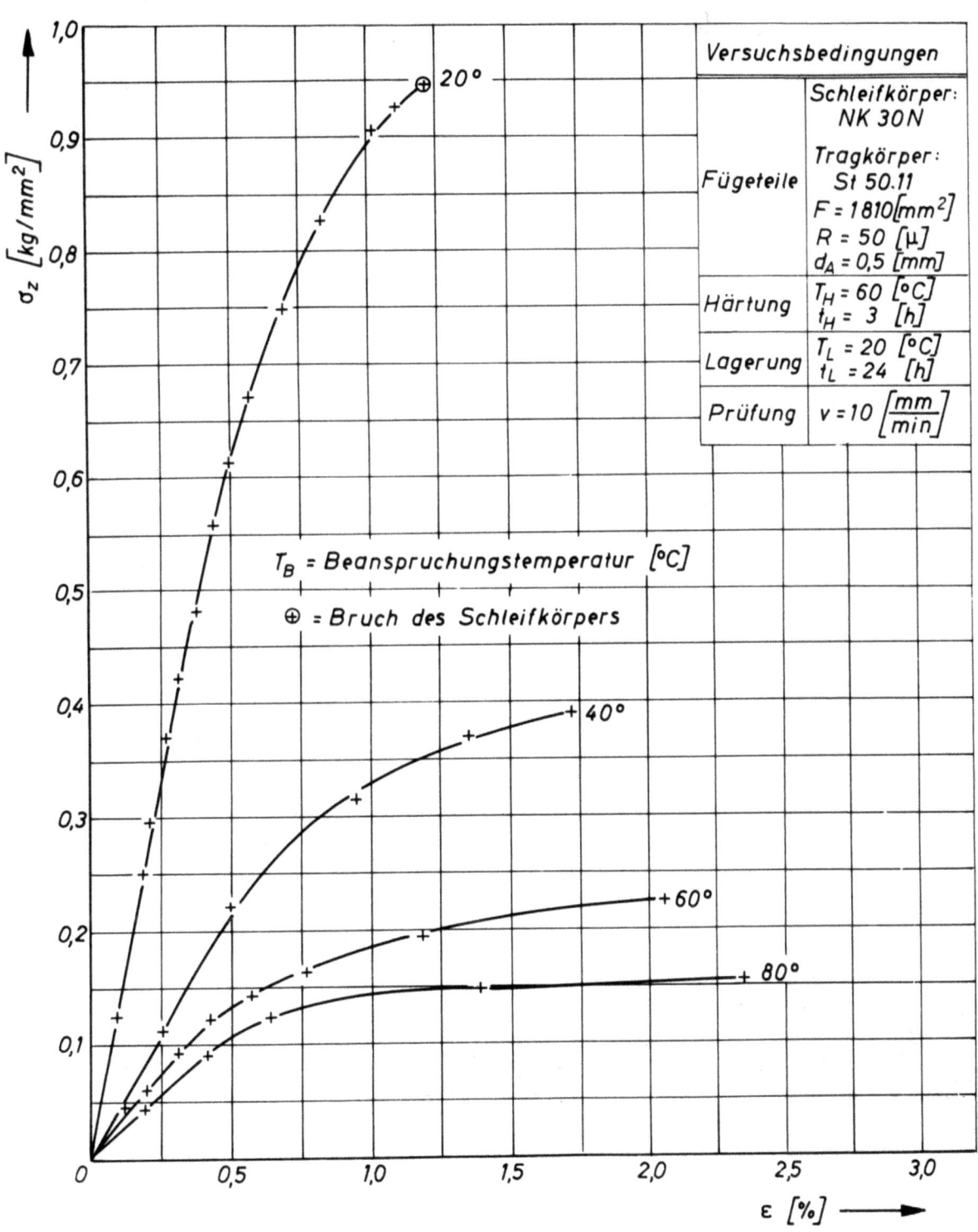

Anlage 2.14.4

Spannungs-Dehnungsschaubild in Abhängigkeit von der Beanspruchungstemperatur Zeluphen AIk (Polyurethan)

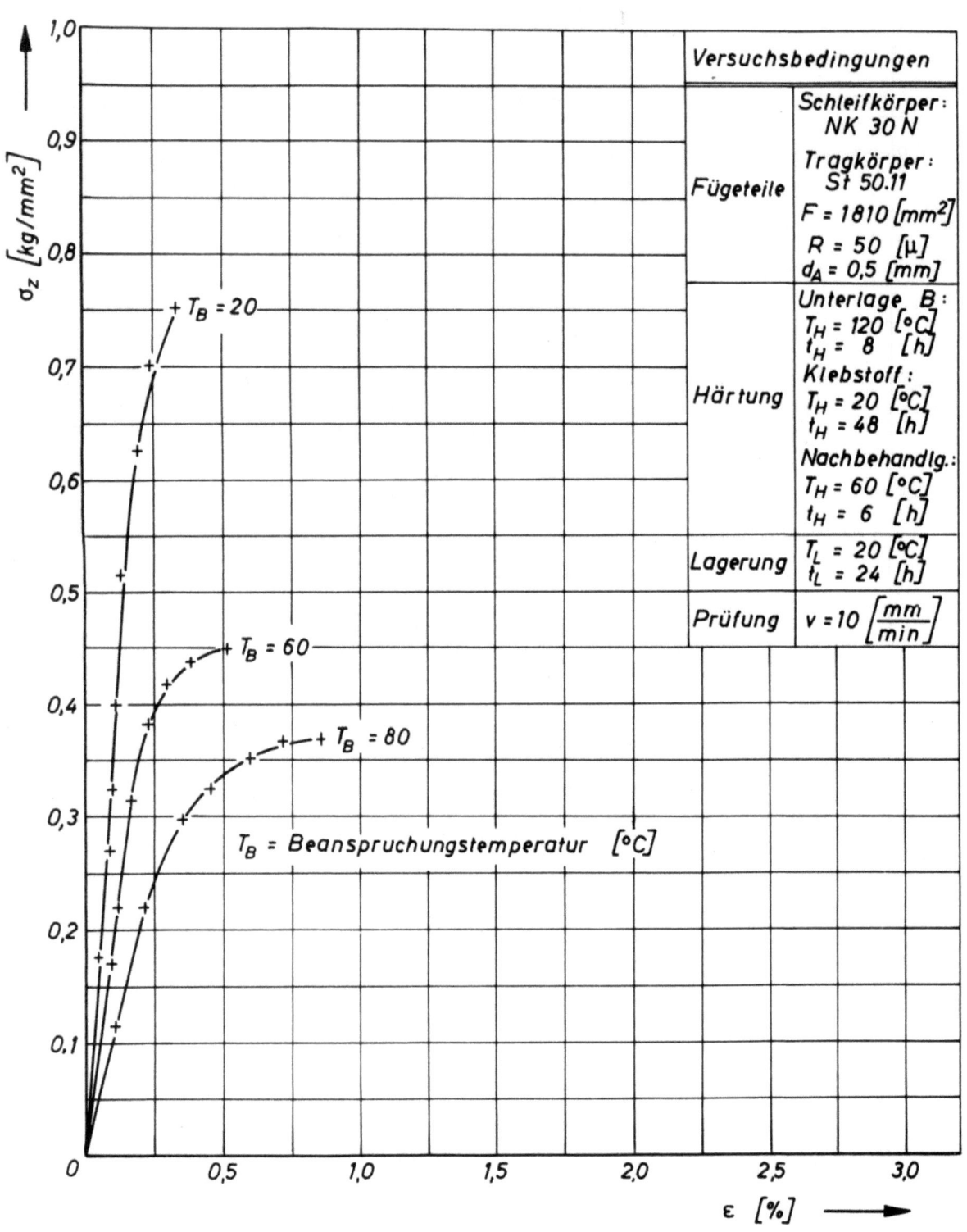

Anlage 2.14.5

Spannungs-Dehnungsschaubild in Abhängigkeit von der Beanspruchungstemperatur Asplit CN + Unterlage B (Phenol-Furan)

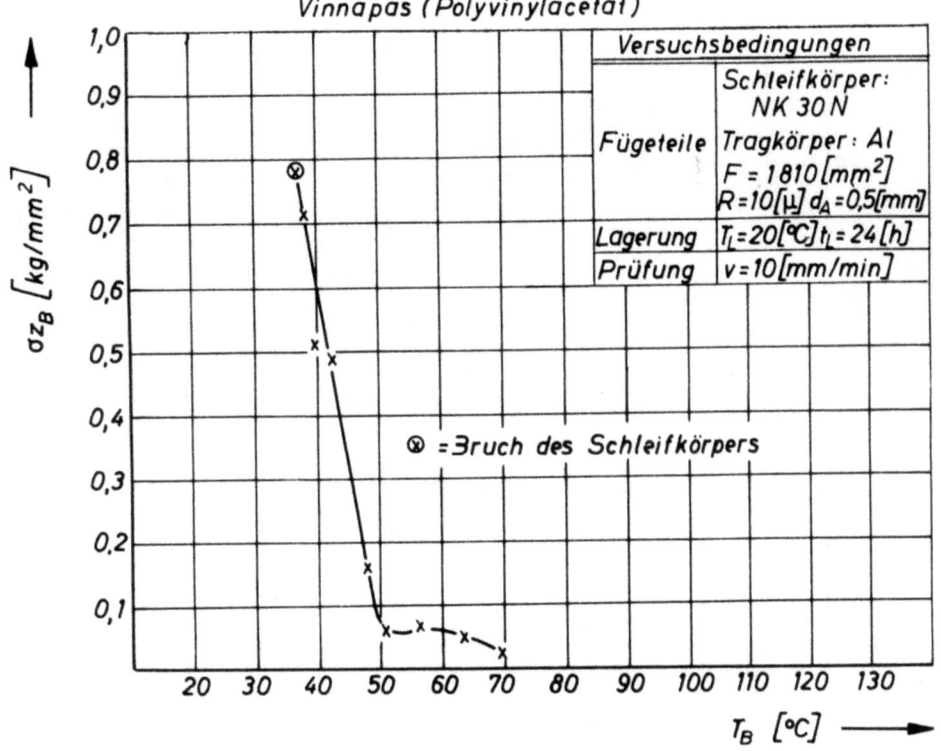

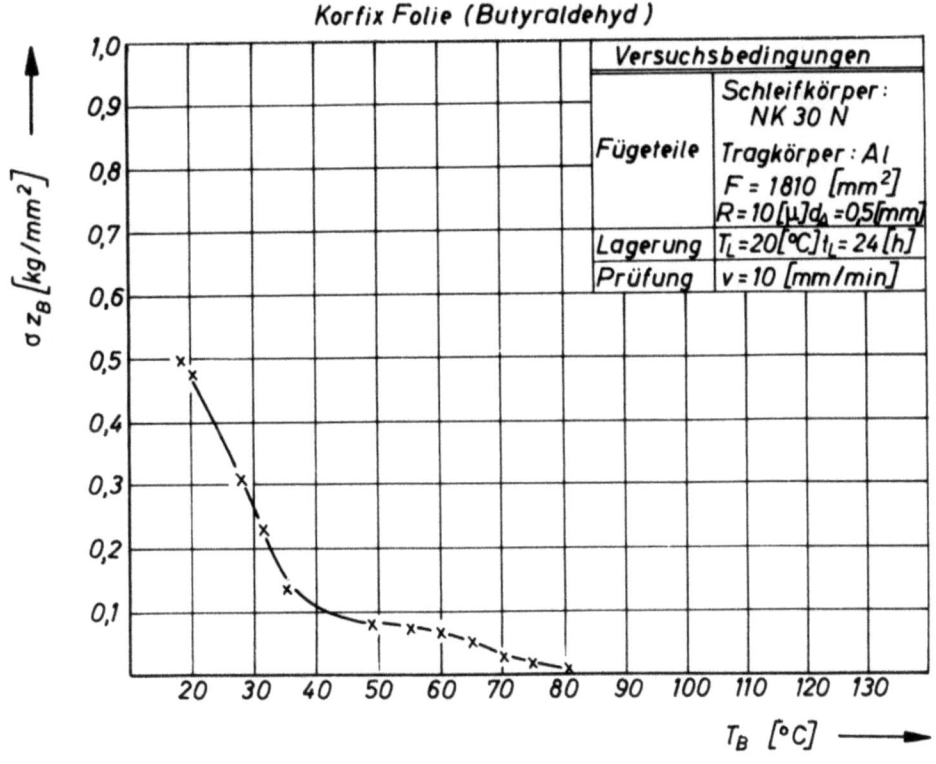

Anlage 2.14.6

Bruchlast in Abhängigkeit von der Beanspruchungstemperatur

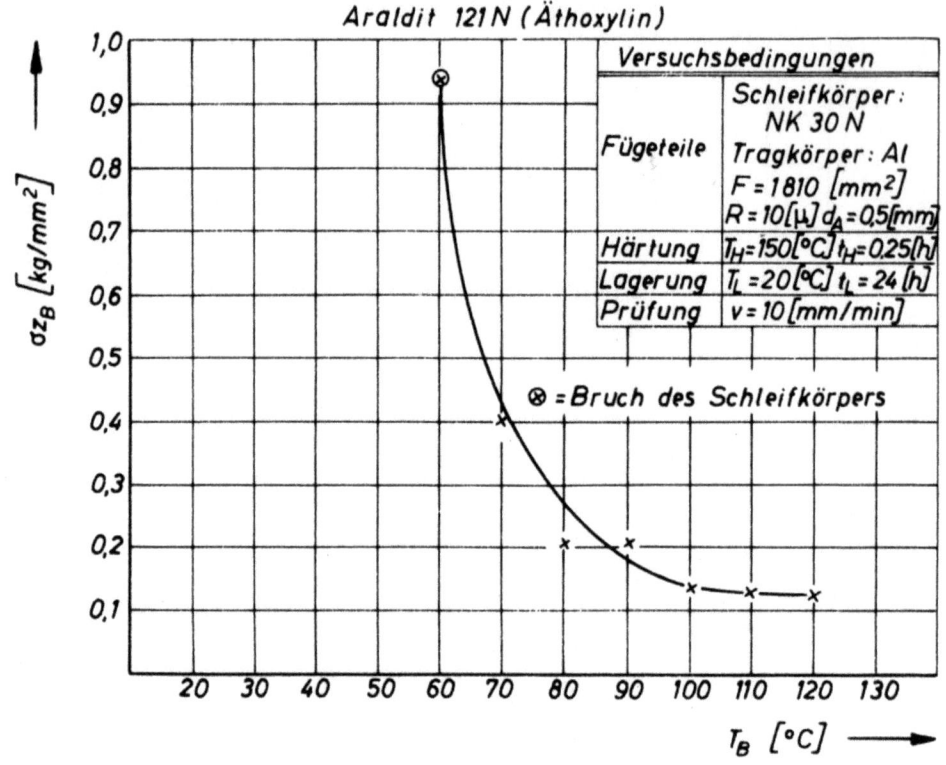

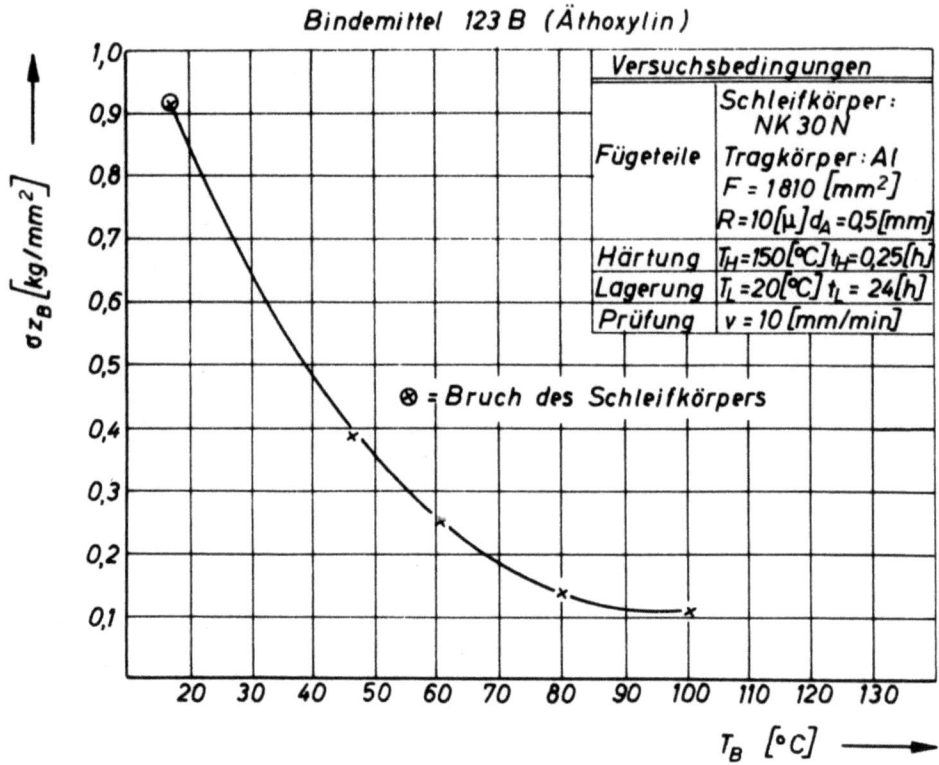

Anlage 2.14.7

Bruchlast in Abhängigkeit von der Beanspruchungstemperatur

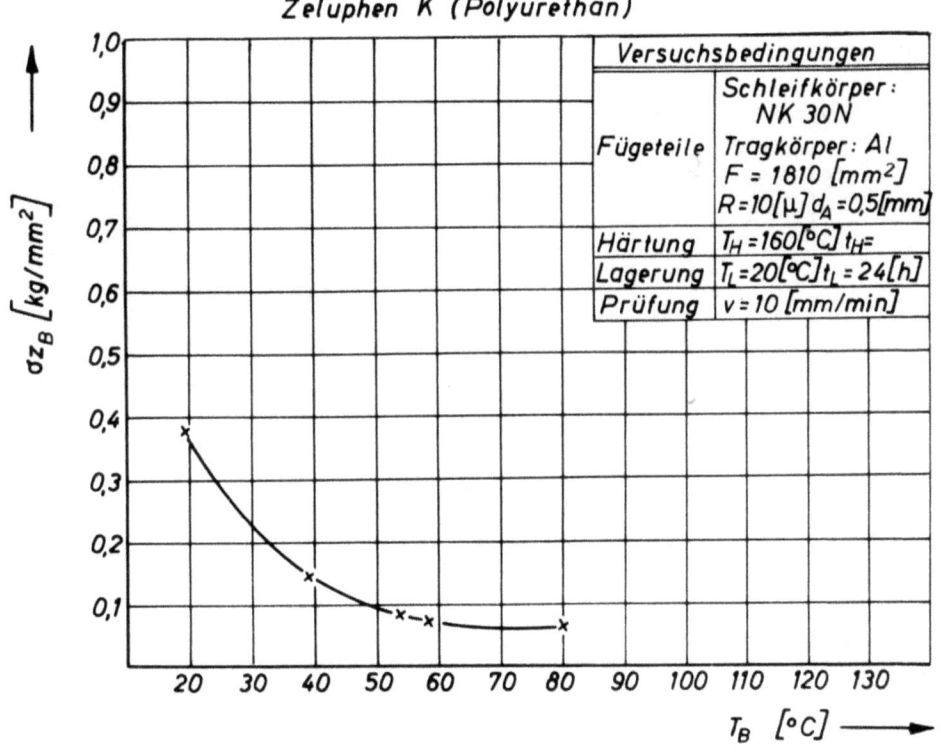

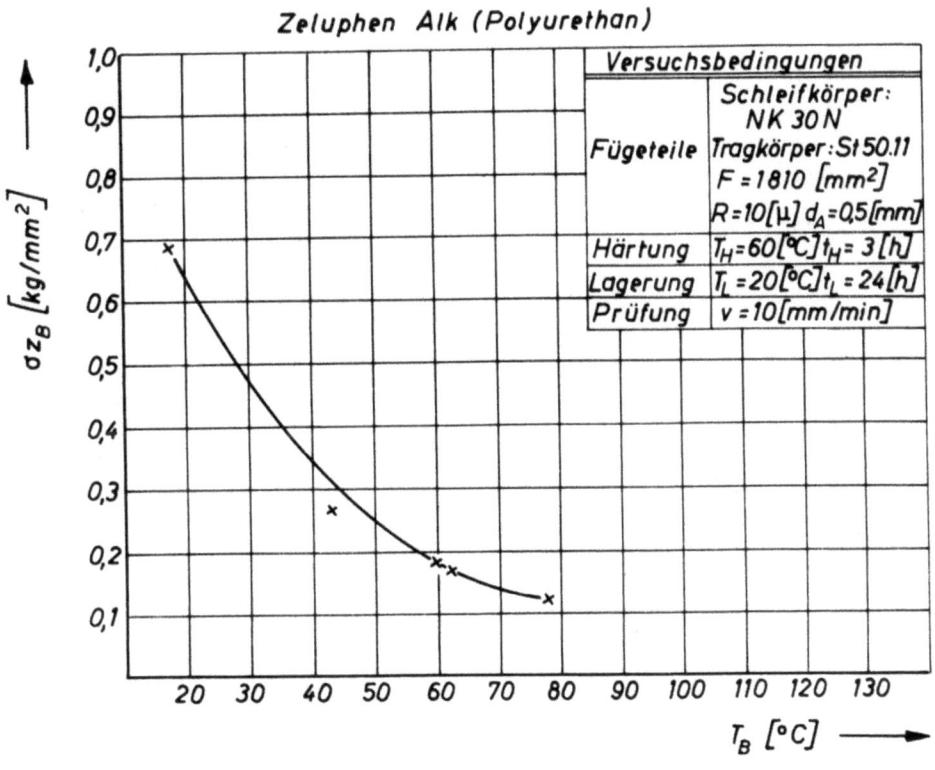

Anlage 2.14.8

Bruchlast in Abhängigkeit von der Beanspruchungstemperatur

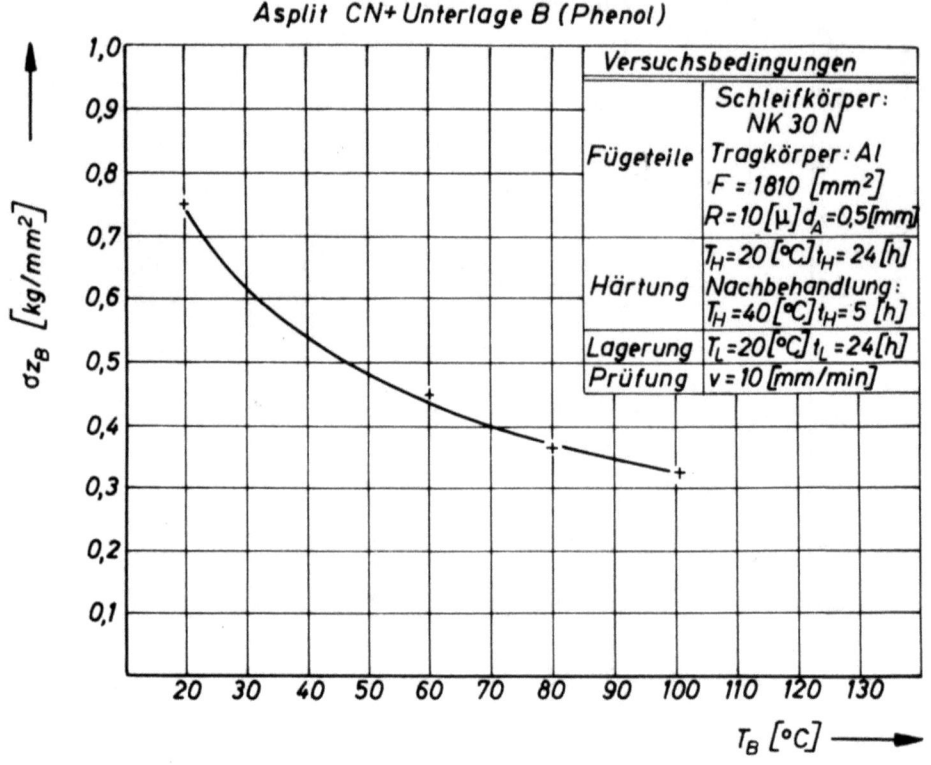

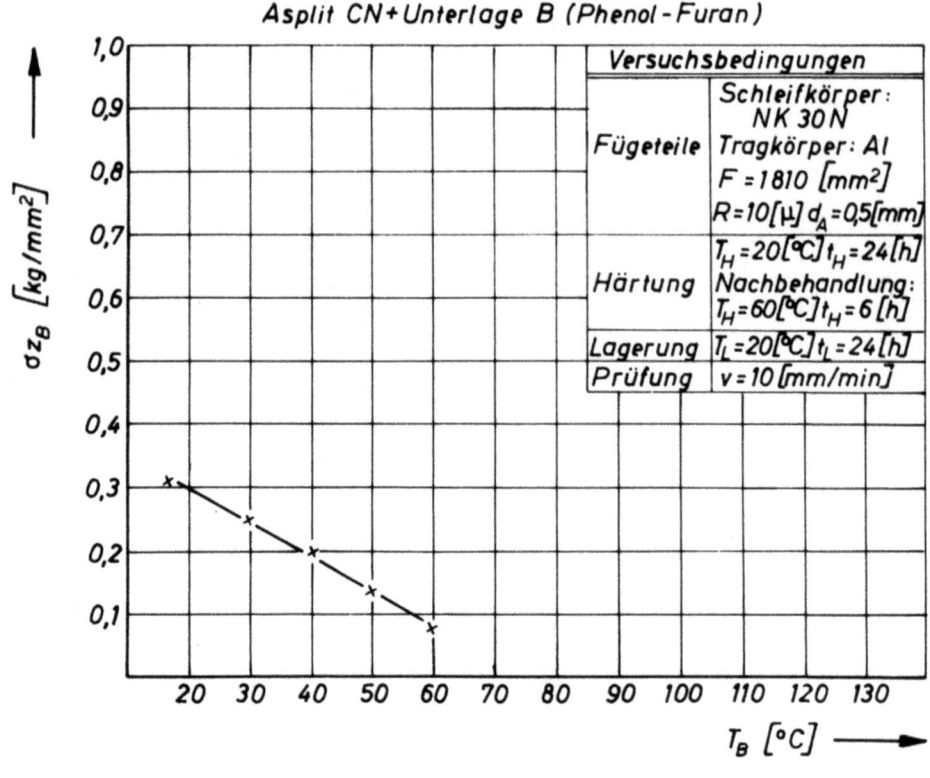

Anlage 2.14.9

Bruchlast in Abhängigkeit von der Beanspruchungstemperatur

Herstellungsbedingungen und Festi

Klebstoffgruppe			Thermoplaste			
Vorbehandlung		Klebstoff	Vinnapas	Korfix-Klebefolie	Araldit 121 N	123 B
		Hersteller	Wacker-Chemie München	Korfix-Schleifmittelgesellschaft Frankfurt/M.	Ciba - AG. Basel	Ciba - Basel
Herstellung der Klebverbindung	Tragkörper Vorstrich	Anzahl der Aufstriche	-	-	-	-
		Härtetemperatur [°C]	-	-	-	-
		Härtezeit [h]	-	-	-	-
	Zubereitung des Klebstoffes	Mischungsanteile der Komponenten [Gew. %]	-	-	100 Gew.T. Harz 121 N 4-4,5 Gew.T. Härter 951	1 Gew Harz 12 1 Gew Härter 9
		Wartez. nach Misch. [min]	-	-	0	0
	Vorhärtung	Vorhärtetemp. [°C]	-	-	-	-
		offene Zeit [h]	-	-	-	-
	Härtung	Härtetemperatur [°C]	180	190	150	100
		Härtezeit [h]	-	-	0,5	1,0
		Abkühlzeit [h]	4	4	4	3,5
Festigkeit der Klebverbindung	Festigkeit bei Normalbed. Tragkörper Stahl	Zugfestigkeit [kg/mm²]	-	0,05	-	-
		Scherfestigk. [kg/mm²]	-	0,45	-	-
	Warmfestigkeit [kg/mm²] Tragkörper Aluminium	30°	-	0,26	-	0,63
		40°	0,60	0,11	-	0,48
		50°	0,07	0,08	-	0,34
		60°	0,06	0,07	-	0,25
		80°	-	0,01	0,25	0,15
		100°	-	-	0,15	0,10
	Beständigkeit gegenüber Kühlmittel	Diskusol			0	
		Cimcool			0	
		Wisura			0	0
	Kennwerte	E-Modul [kg/mm²]	350	-	330	170
		Bruchdehnung* [o/oo]	-	-	-	-

untersuchten Klebverbindungen

		Thermoelaste			
eluphen K	Zeluphen AIK	Asplit CN + Asplit Unterlage B	Asplit CN + Araldit I- Unterlage	Asplit N + Asplit Unterlage B	Resinit 240
eh & Co. dwigsburg	Zeh & Co. Ludwigsburg	Farbwerke Hoechst Hoechst	Klebstoff: Farbw.Hoechst Unterlage: Ciba AG.Basel	Farbwerke Hoechst Hoechst	Bakelite Ges. Letmathe
-	-	2	1	2	-
-	-	120	150	120	-
-	-	8	3	8	-
-	33 Gew.T.AIK 10 Gew.T.T 34 Gew.T. Quarzmehl	400 Gew.T. Asplit - Mehl 300 Gew.T. Asplit-Lösung	400 Gew.T. Asplit - Mehl 300 Gew.T. Asplit-Lösung	100 Gew.T. Asplit - Mehl 40 Gew.T. Asplit-Lösung	30 Gew.T.Harz 20 Gew.T. Quarzmehl 0,5 Gew.T. Eisenoxyd
-	5	0	0	0	0
70	20	-	-	-	-
4	30	-	-	-	-
160	$20^{1)}$ $60^{2)}$	$20^{2)}$ $50^{3)}$	$20^{2)}$ $50^{3)}$	$20^{2)}$ $40^{3)}$	95
3,5	3 3	24 5	24 5	24 5	8
4	3	3	3	3	3,5
0,49	-	0,75		0,31	
0,66	-	0,90	0,81	0,36	0,46
0,22	0,47	0,62	-	0,25	-
0,15	0,33	0,54	-	0,20	-
0,10	0,25	0,48	-	0,13	-
0,08	0,18	0,45	-	0,08	-
0,07	0,12	0,37	-	-	-
-	0,10	0,32	-	-	-
			0		
-			0		
-	130	300	-	-	-
-	-	0,25	-	-	-

Zeichenerklärung:
+ = Festigkeit liegt über der Schleifkörperf.
0 = beständig
x = Festigkeitsabfall zwischen 0 und 50 %
xx = Festigkeitsabfall zwischen 50 und 100 % des ursprünglichen Wertes

* = bei $T_B=20[°C]$, $v=10[\frac{mm}{min}]$, $\varphi=0,14[\frac{kg}{mm^2}]$
1) = Stehzeit der gefügten Verbindung
2) = Aushärtung der gefügten Verbindung
3) = Nachhärtung der gefügten Verbindung

Literaturverzeichnis

[1] 	Untersuchungen an Natur- und Kunstharzen als Bindemittel für die Stoßfugen aus Porzellanisolierkörpern
Kunststoffe 40 (1950)

[2] EHLERS, J.F. 	Das Verleimen von Metallen mit Natrium-Phenol-Resol
Kunststoffe 40 (1950)

[3] HÖCHTLEN, A. 	Kunststoffe aus Polyurethanen
Kunststoffe 40 (1950)

[4] MATTING, A. 	Festigkeitsuntersuchungen an geklebten Metallverbindungen
Aluminium Jg.30 (1954) Heft 1

[5] MEYERHANS, K. 	Chemikalienbeständigkeit von Äthoxylinharzen
Kunststoffe 44 (1954)

[6] HULTZSCH, K. 	Neuere Anschauungen über die Bildung von Phenolharzen
Kunststoffe 39 (1949)

[7] MEYERHANS, K. 	Das Verbinden von Metallen unter sich oder mit anderen Werkstoffen
Metall 6.Jg. (1952)

[8] FREY, L. 	Beiträge zur Frage der Bruchfestigkeit kunstharzgeklebter Metallverbindungen
Schweizer Archiv 19 (1953) Heft 2

[9] MIKSCH und PLATH 	Taschenbuch der Kitte und Klebstoffe
Karlsruhe Wiss.Verlagsges.Stuttgart
3.Auflage

[10] MEYERHANS, K. 	Bindemittel und Gießharze auf Araldit-basis
Kunststoffe 41 (1951)

[11] HÖCHTLEN, A. 	Neue Möglichkeiten durch synthetische Klebstoffe
Kunststoffe 41 (1951)

[12] PLEINES, E.W. 	Das Verbinden hochfester Leichtmetalle durch Kleben
Aluminium 27 (1951)

[13] ders. 	Aus der Praxis des Klebens im ausländischen Leichtmetall-Flugzeugbau
Aluminium 30 (1954)

[14] WERNER, K.   Über die Herstellung und Anwendung synthetischer Klebstoffe
Kunststoffe 39 (1949)

[15] HAHN, F.K.   Die Metallklebtechnik vom Standpunkt des Konstrukteurs
Konstruktion 8.Jg. (1956)

[16] LITZ, E.   Neuere Untersuchungen an Leichtmetallklebverbindungen
Aluminium 29 (1953)

[17] RUBO, E. und H. REICHE   Neuere Erkenntnisse über das Festigkeitsverhalten von Metallklebverbindungen
Werkstattstechnik und Maschinenbau 44 (1954)

[18]   Structural Adhesives for Metal and Aircraft
De.Ingenieur 67 (1955)

[19] RUBO, E.   Höhere Sicherheit und vereinfachte Fertigung durch kombinierte Metallklebeverbindungen
Metall 9 (1955)

[20]   Aluminium-Taschenbuch 11.Aufl. Düsseldorf-Aluminiumverlag

[21] LÜTTGEN, C.   Die Technologie der Klebstoffe
Panzegrau Berlin

[22] JACOBI, H.R.   Maschinenelemente aus thermoplastischen Kunststoffen
VDI Ztg. 98 (1956)

[23] STUART, A.   Die Physik der Hochpolymere 3 (1955)

[24] SCHMIEDER, K. und K. WOLF   Mechanische Relaxationserscheinungen an Hochpolymeren
Kolloid-Zeitung 134 (1953)

[25] HENLEY, E.J.   Cross linking works
Modern Plastics 32 (März 1955)

[26] FÖRSTER, F. und W. KÖSTER   Elastizitätsmodul und Dämpfung in Abhängigkeit vom Werkstoffzustand
Ztg. Metallkunde 29 (1937)

[27] RICHARD, K. und G. DIDRICH   Standfestigkeitseigenschaften von einigen Hochpolymeren
Kunststoffe 45 (1955)

[28] WINTERGERST, S. und E. RÜCKERL   Über das Kriechverhalten thermoplastischer Kunststoffe
Kunststoffe 44 (1954)

[29] CARY, R.H. — Die mechanischen Eigenschaften von Polyäthylen
Kunststoffe 45 (1955)

[30] EIFFLÄNDER, K. — Korrosionsbeständigkeit von Kunststoffen
Chem.-Ing.Technik 24 (1952)

[31] SIGWART, H. — Die mechanischen Eigenschaften von Plexiglas
M 33 Diss. TH.Darmstadt 1945

[32] LEUCHS, O. — Die hochpolymeren Werkstoffe
Kunststoffe 45 (1955)

[33] SAECHTLING, H.J. und W. ZERBROWSKI — Kunststoff-Taschenbuch 11.Aufl.
Hanser-Verlag, München

[34] WEGLER, R. — Chemie der Polyperoxyde
Angew. Chemie 67 (1955)

[35] HÖCHTLEN, A. — Fortschritte in der Chemie und der Verarbeitung von Polyurethanen
Kunststoffe 42 (1952)

[36] ders. — Kunststoff-Rohstoffe
VDI Ztg. 98 (1956)

[37] ders. — Klebstoffe aus Polyurethanen
Kunststoffe 40 (1950) S.221

[38] MÜNNICH, H. — Feststellung der Spannungen und Dehnungen und Bruchdrehzahlen der unter Fliehkraft und Bearbeitungskraft beanspruchten Schleifkörper
Diss. TH.Hannover 1956

[39] — Dehnungsmessungen an umlaufenden Bauteilen
VDI Ztg.98 (1956)

[40] — Stoffhütte 3.Aufl. 1941

[41] JENCKEL, E. — Plastisch-elastisches Verhalten und chemische Struktur Hochpolymerer
Kolloid-Zeitung 120 (1951)

[42] ÜBERREITER, K.Z. — Einfluß der hauptvalenzmäßigen Vernetzung auf Einfriertemperaturen und Fließerscheinungen
Ztg. Physik.Chemie 45 (1940)

[43] STUART, H.A. — Über molekulare Ordnungszustände in Hochpolymeren und ihre Bedeutung für deren technologische Eigenschaft
Kunststoffe 42 (1952)

[44] STUART, A.H. und W. KAST — Orientierung durch Verstreckbarkeit
Kolloid-Ztg. 120 (1951)

[45] SCHULZ, G. und G. MÜLLER
Polyvynilbutyral
Kunststoffe 42 (1952)

[46]
Klebstoffe, Richtlinien für die Einteilung DIN 16920
Kunststoffe 42 (1952)

[47] BLOM, A.V., Locarno
Beziehungen zwischen Makromolekularstruktur und deformationsmechanischen Eigenschaften
Kunststoffe 42 (1952)

[48] WINTERGERST, S. und E. RÜCKERL
Über das Kriechverhalten thermoplastischer Kunststoffe
Kunststoffe 44 (1954) S.494

[49] RICHARD, K. und E. GLAUBE
Die Kaltverstreckung bei Niederdruck-Polyäthylen
Kunststoffe 46 (1956)

[50] KRUG, H.
Die Schnittkräfte beim Flachschleifen
Zeitschr. Werkstattstechnik u. Maschinenbau Jg.1957, Heft 1

[51] D'ANS LAX
Taschenbuch für Chemiker

[52] DE BRUYNE-HOWINK
Klebtechnik
Berliner Union Stuttgart 1954

[53] MATTING, A. und K.F. HAHN
Versuche zur Metallklebtechnik
Mitteilungen aus dem Institut für Werkstoffkunde TH. Hannover

[54] BARTUSCH, W.
Verklebungsstudien an Packstoffen
Kunststoffe 46 (1956)

[55]
Bayer-Kunststoffe, Taschenbuch der Farbenfabriken Bayer AG., Leverkusen (Okt.1956)

Teil II

Richtlinien für die Gestaltung und Herstellung von Klebverbindungen zwischen Schleif- und Tragkörpern

1. Allgemeines

Die Festigkeitsuntersuchungen an Klebverbindungen zwischen Schleif- und Tragkörpern haben gezeigt, daß es mit den in jüngster Zeit entwickelten, hochmolekularen, synthetischen Kunststoffen gelingt, Schleifkörper mit metallischen Tragkörpern so fest zu verbinden, daß die Klebverbindung gegen die im Betrieb auf den Schleifkörper wirkende mechanische Beanspruchung widerstandsfähiger ist als der Schleifkörper selbst.

Eine sichere und dauerhafte Klebung ist gewährleistet, wenn:

a) der Klebstoff den Betriebsbedingungen, denen der geklebte Schleifkörper unterliegt, angepaßt ist,

b) die Klebverbindung besonders hinsichtlich der Klebfuge und der Oberfläche der Tragkörper richtig gestaltet ist,

c) die Klebung sorgfältig unter Beachtung der für synthetische Klebstoffe verschiedenen Verarbeitungsvorschriften durchgeführt wird,

d) die aufgeklebten Schleifkörper sachgemäß gelagert werden und die Festigkeit der Klebverbindung nicht durch Alterung des Klebstoffes gefährdet wird.

Im folgenden werden aus den Festigkeitsuntersuchungen an Klebverbindungen zwischen Schleif- und Tragkörpern Richtlinien für die Gestaltung der Klebverbindung, für die Ausführung der Klebung, für die Auswahl des geeigneten Klebstoffes und die Lagerung geklebter Werkzeuge abgeleitet. Dabei werden nur die in den Untersuchungen sich als besonders geeignet erwiesenen Klebstoffe:

der Thermoplast: Polyvinylacetat (Vinnapas)
die Thermoelaste: Ätholyxinharze (Araldit N 121, Bindemittel 123 B)
                  Polyurethan (Zeluphen AIK)
                  Phenol-Furan-Harz
                          (Asplit CN auf Araldit I und Asplit Unterlage B)

berücksichtigt.

2. Gestaltung der Klebverbindung

Die wirksame Klebfläche sollte bei einer Klebverbindung so groß wie möglich bemessen werden. Auf ihre Festigkeit wirkt die Dicke der Klebefuge und die damit eng verbundene Oberflächenrauheit der Fügeteile ein.

2.1 Fugendicke

Das Klebemittel haftet durch Adhäsionskraft auf den Flächen der Fügeteile und wird in der Klebefuge selbst durch seine Kohäsionskraft zusammengehalten. Bei allen untersuchten Klebstoffen wurde bei Überlastung der Probekörper durch Zug- oder Scherkraft entweder der Schleifkörper zerstört oder die Klebfuge riß, ohne daß sich der Klebstoff vom Trag- oder Schleifkörper ablöste. Somit ist die Kohäsionskraft für die Belastbarkeit einer Klebverbindung in erster Linie maßgebend. Mit steigender Zuglast schnürt sich die Klebstoffschicht in der Fuge ein, das Klebemittel wird plastisch und reißt schließlich im am stärksten geschwächten Querschnitt. Die Haftung an den Flächen der Fügeteile behindert die Einschnürung und zwar um so stärker, je dünner die Fuge ist, bis schließlich ein plastisches Fließen fast unmöglich ist und der Bruch bei unverändertem Querschnitt bei entsprechend höherer Bruchfestigkeit erfolgt.

Beim Härteprozeß werden bei verschiedenen Klebemitteln flüchtige Bestandteile abgespalten, die nur teilweise entweichen können, und das um so weniger, je dicker die Fuge ist. Der im Klebstoff verbleibende Rest erzeugt Hohlräume, die die wirksame Klebefläche vermindern. Andererseits besteht bei zu dünn aufgetragener Klebstoffschicht die Gefahr, daß die Oberfläche nicht vollständig durch das Klebemittel benetzt wird, so daß hierdurch die wirksame Klebefläche vermindert wird. Aus diesen Umständen folgt die Regel:

Die Klebefuge ist so dünn zu bemessen, daß sich gerade noch ein zusammenhängender Klebefilm zwischen den Fügeteilen bildet.

2.2 Oberfläche der Tragkörper

Mit der Forderung nach einer dünnen Klebefuge hängt der Einfluß der Oberflächenbeschaffenheit der Fügeteile eng zusammen. Je größer ihre Rauheit ist, desto dicker muß das Klebemittel aufgestrichen werden, um einen zusammenhängenden Klebefilm zu bilden.

Andererseits nimmt die wirksame Klebefläche mit zunehmender Oberflächenrauheit beträchtlich zu. Sie erhöht aber nur die Haftung des Klebemittels

an den Fügeteilen, nicht aber die für die Festigkeit der Klebverbindung
maßgebende Kohäsionskraft. Deshalb ist eine griffige Oberfläche von etwa
$\div 5\,\mu$, in die der Klebstoff eindringen kann, ohne daß seine Schicht
zu dick wird, am besten.

Versuche zeigten deutlich, daß eingedrehte, tiefe Rillen die Festigkeit
der Klebverbindung hingegen nicht erhöhen, sondern das Gegenteil bewirken. Daraus folgt die Regel:

<u>Die Oberfläche der Tragkörper soll griffig sein. Mit Rücksicht auf
die große Oberflächenrauheit der Schleifkörper ist es ausreichend,
die Tragkörper mit einer feingedrehten Oberfläche mit einer Rauheit
von $5 \div 10\,\mu$ zu versehen.</u>

2.3 Tragkörperwerkstoff

Aus deformationsmechanischen Gründen soll der Elastizitäts-Modul der
Fügeteile größer sein als der des Klebstoffes. Die Wärmeausdehnung des
Trägerwerkstoffes beeinflußt warmaushärtende Klebverbindungen. Durch
die unterschiedliche Zusammenziehung der Fügeteile beim Abkühlen entstehen in der Klebefuge Spannungen, die die Festigkeit der Klebung herabsetzen. Von den untersuchten Tragkörperwerkstoffen verhielt sich Gußeisen am günstigsten, es folgte Stahl St.50.11 und Aluminium.

3. Herstellung der Klebverbindung

3.1 Vorbereitung der Fügeteile

Es ist zur Erzielung einer hohen Adhäsion unbedingt erforderlich, daß
die Oberfläche der Fügeteile trocken und frei von Staub, Fett, Rost und
anderen Verunreinigungen ist. Deswegen ist bei der Vorbereitung der
Fügeteile nach folgenden Richtlinien zu verfahren:

a) Die trockenen Schleifkörper sind durch Preßluft oder mit einem Pinsel zu entstauben.

b) Die Klebefläche des metallischen Tragkörpers ist durch Abdrehen mit
   kleiner Schnittgeschwindigkeit von Oxydschichten zu befreien. Die
   Vorschubgeschwindigkeit ist so klein zu wählen, daß keine Rillen oder
   Nuten auf der Tragkörperoberfläche entstehen und die Rauheit nicht
   viel mehr als $5 \div 10\,\mu$ beträgt.

c) Nach der spanenden Bearbeitung ist die Klebefläche der metallischen
   Fügeteile mit einem Lösungsmittel (Aceton, Trichloräthylen) durch
   kurzzeitiges Einlegen oder Abreiben mit reinem Lappen gründlich zu
   entfetten.

Zum Kleben mit Phenol-Furan-Harz Asplit CN ist die metallische Klebefläche zunächst mit Asplit-Unterlage B oder mit Araldit-I-Unterlage zu bestreichen, die bei den in Tabelle 1 angegebenen Härtetemperaturen und Zeiten ausgehärtet werden.

3.2 Ausführung der Klebung

Die Herstellung der Klebverbindungen richtet sich nach dem verwendeten Klebstoff. Die Klebstoffe sind mit ihren Herstellern in Tabelle 1 zusammengefaßt. Die Tabelle enthält alle bei der Zubereitung zu beachtenden Herstellungsbedingungen.

Vinnapas

Das thermoplastische Klebemittel (Polyvinylacetat) wird in Pulverform zwischen die vorbereiteten Klebeflächen der Fügeteile gebracht, bei 180°C solange erhitzt, bis die plastische Masse völlig durchgeschmolzen ist und die Fügeflächen benetzt. Die aufgebrachte Menge des Pulvers soll gerade ausreichen, um die Fügeflächen vollständig zu benetzen und die Oberflächenrauheiten zu überbrücken. Nach vierstündiger Abkühlung der erwärmten Teile hat die Klebverbindung ihre volle Festigkeit erreicht.

Araldit 121 N - Bindemittel 123 B

Die beiden Äthoxydharze müssen zur Aushärtung mit "Härter" vor der Klebung im in Tabelle 1 angegebenen Verhältnis angemischt werden. Nach dem Aufstreichen des Klebstoffes auf beide Klebeflächen werden die Fügeteile sofort zusammengesetzt und erreichen bei Raumtemperatur nach längerer Dauer ihre Festigkeit. Diese Zeit wird durch Aushärtung bei der in Tabelle 1 angegebenen Härtetemperatur und Härtezeit abgekürzt. Nach langsamer Abkühlung (Abkühlzeit s. Tab.1) erreicht die Verbindung ihre vollständige Festigkeit. Die Härtezeit darf nicht überschritten werden, da sonst der Klebstoff versprödet.

Zeluphen AIK

Dieser Polyurethan-Klebstoff besitzt im Anlieferungszustand eine geringe Viskosität, deshalb muß ihm vor der Klebung, damit er nicht im porösen Schleifkörper versickert, Quarzmehl neben dem zur Aushärtung notwendigen "Härter" beigemengt werden (Mischverhältnis s.Tab.1). Nach dem Aufstreichen des Klebstoffes auf beide Klebflächen darf die Klebverbindung erst nach einer Stehzeit von drei Stunden bei Raumtemperatur in gefügtem Zustand ausgehärtet werden. Die Härtung selbst erfolgt am zweckmäßigsten nach den in Tabelle 1 angegebenen Bindungen.

Asplit CN

Das Asplit-Mehl (Phenol-Furan-Harz) ist vor der Klebung mit Asplit-Lösung im Mischverhältnis nach Tabelle 1 anzumengen und wird auf die mit Araldit-I-Unterlage oder Unterlage B vorbereitete metallene und auf die Schleifkörperfläche gestrichen. Danach sind die Teile sofort zusammenzusetzen und härten bei Raumtemperatur in einem Tage aus. Die Nachhärtung hat nach den in Tabelle 1 vermerkten Bedingungen zu erfolgen.

3.3 Hinweise zum Klebvorgang

Zum Aushärten der thermoelastischen Klebstoffe Araldit, Bindemittel 123 B und Zeluphen AIK werden die freien chemischen Hauptvalenzen durch Zugabe von Härter-Lösung abgesättigt. Wird nicht genug Härter zugeführt, so verliert die Klebverbindung an Festigkeit und ist nicht alterungsbeständig.

Die Abkühlungsgeschwindigkeit bestimmt die physikalische Struktur des hochpolymeren Klebstoffes nach dessen Warmaushärtung und ist maßgebend für die in der Klebverbindung zurückbleibenden Schrumpfspannungen. Langsame Abkühlung fördert die Ausbildung kristalliner Bereiche, durch die die Festigkeit gesteigert wird und setzt die Schrumpfspannungen herab, die durch unterschiedliche Wärmeausdehnung der Fügeteile hervorgerufen werden. Deshalb müssen die angegebenen Abkühlzeiten eingehalten werden.

4. Auswahl des Klebstoffes

Die Klebverbindung muß der mechanischen Beanspruchung des Schleifkörpers durch die Arbeitslast und die Fliehkräfte standhalten. Beim Trockenschliff ist eine Erwärmung des Schleifkörpers zu befürchten, so daß der Klebstoff darüber hinaus warmfest sein muß. Beim Nachschliff hingegen kommt die Klebfuge mit Kühlmittel in Berührung, durch das der Klebstoff nicht angegriffen werden darf. In der Tabelle 1 sind die für die verschiedenen Verwendungszwecke geeigneten Klebstoffe zusammengestellt mit dem Ziel, die Auswahl zu erleichtern. Sind mehrere Klebstoffe für einen Verwendungszweck geeignet, dann wird die Wahl durch die fertigungstechnischen Gegebenheiten des Betriebes entschieden. Grundsätzlich wird man pastenförmige, viskose Klebstoffe den dünnflüssigen vorziehen. Sie sikkern nicht so leicht in den porösen Schleifkörper ein und vereinigen die Vorzüge zusätzlicher Verankerung und Kapillarwirkung durch Eindringen in die Schleifkörperoberfläche mit der Bildung einer geschlossenen, homogenen Klebefuge.

4.1 Klebstoffe für Verbindungen, die bei Raumtemperatur ohne Kühlmitteleinwirkung beansprucht werden

Für diese Beanspruchungsverhältnisse sind:

Vinnapas,
Araldit 121 N,
Bindemittel 123 B,
Zeluphen AIK und
Asplit mit Unterlage B und Araldit-I-Unterlage

geeignet. Bei dem Asplit betrug die Zugfestigkeit der Klebverbindung über 2/3 der des verwendeten Schleifkörpers. Bei den übrigen Klebstoffen überstieg sie diese. Der thermoplastische Klebstoff Vinnapas hat durch seine lösungsmittelfreie Verwendung neben dem Vorzug einfacher Verarbeitung den weiteren Vorteil, daß sich keine flüchtigen Bestandteile beim Aushärten abspalten. Somit können weder Hohlräume noch Spannungen entstehen, die die Festigkeit der Klebverbindung vermindern. Die thermoelastischen Klebstoffe härten zwar bei Raumtemperatur aus, jedoch wird die Aushärtezeit unter Wärmeeinwirkung beträchtlich abgekürzt. Bei Verwendung von Zeluphen AIK muß eine lange Stehzeit in Kauf genommen werden, während es zum Kleben mit Asplit notwendig ist, die metallischen Tragkörper vor dem Auftragen des Asplits mit einer Schicht Asplit-Unterlage B oder Araldit-I-Unterlage zu versehen.

4.2 Klebstoffe für Verbindungen, die bei höheren Temperaturen ohne Kühlmitteleinwirkung beansprucht werden

Bei Temperatureinwirkung büßen die meisten der untersuchten Klebstoffe ihre Festigkeit ein. Bis zu Temperaturen von 60°C eignet sich Araldit 121 N und Bindemittel 123 B. Das thermoplastische Klebemittel Vinnapas verliert bis 40°C nur wenig seiner Festigkeit. Über 40°C sinkt die Festigkeit jedoch rasch ab, so daß es bei diesen Temperaturen nicht eingesetzt werden darf.

4.3 Klebstoffe für Verbindungen, die bei Raumtemperatur und unter Kühlmitteleinwirkung beansprucht werden

Gegen die Kühlmittel Diskusol, Cimcool und Wisura ist das Araldit 121 N beständig. Asplit mit Araldit-I-Unterlage wird nur von Wisura angegriffen und verliert nach viermonatiger Kühlmitteleinwirkung etwa 10 % seiner Festigkeit. Alle übrigen Klebstoffe werden von Diskusol besonders stark angegriffen und sind zum Aufkleben von Schleifkörpern zum Naßschliff ungeeignet.

5. Lagerung geklebter Schleifkörper

Die Lagerung geklebter Schleifwerkzeuge hat in trockenen Räumen bei gleichmäßiger Temperatur zu erfolgen.

Bei feuchter Lagerung von Klebverbindungen, die mit Polyurethanen (Zeluphen AIK) geklebt sind, besteht die Gefahr, daß nach dem Härten noch Valenzen mit Wassermolekülen aus der Luft abgesättigt werden, die die Festigkeit des Klebstoffes vermindern. Werden Klebverbindungen abwechselnd feuchter und trockener Atmosphäre ausgesetzt, dann können wechselnd Adsorbtion und Desorbtion von Wasser eine Lockerung der Bindung an den Grenzflächen bewirken, was zum Ablösen des Klebstoffes von den Fügeteilen führt.

Hannover, im November 1957

Teil III

Festigkeit geklebter Konstruktionen

1. Allgemeines

Während im vorangehenden Teil I der Festigkeitsuntersuchungen an Klebverbindungen zwischen Schleif- und Tragkörpern über die verschiedenen Einflüsse berichtet wird, die zu einem Festigkeitsabfall der Klebverbindungen führen können und die im Zug- und Scherversuch vorwiegend bei statischer Belastung an Versuchskörpern ermittelt wurden, befaßt sich Teil III mit der Festigkeit geklebter Konstruktionen unter Verwendung der in Teil I gesammelten Erkenntnisse. Es kamen nur solche Klebstoffe zur Anwendung, die nach den Untersuchungen in Teil I dieser Arbeit die günstigsten Festigkeitseigenschaften aufwiesen.

2. Beweis der Theorie der halben Beanspruchung lochloser Scheiben gegenüber Scheiben mit kleinster Bohrung

In Arbeiten über die Vorgänge beim Schleifen [1, 2, 4, 5, 6, 7] wird immer wieder darauf hingewiesen, wie wichtig hohe Schnittgeschwindigkeiten, d.h. hohe Schleifscheibenumfangsgeschwindigkeiten zur Erreichung hoher Standzeiten großer Oberflächen-, Maß- und Formgenauigkeit und zur Erzielung einer möglichst günstigen Wärmeabfuhr sind. So fand SCHLESINGER [5], daß die Hauptschnittkraft beim Schleifen von Stahl und Gußeisen mit wachsender Schleifscheibenumfangsgeschwindigkeit zwischen 25 m/s und 35 m/s absinkt. Die Erscheinung wurde von BORNEMANN [6] und für den Flachschliff von KRUG [4] (durch Schleifversuche mit Segmentscheiben) bestätigt und von GOEDECKE [7] auf eine Zunahme der an der Zerspanung teilnehmenden Schleifkörner in der schleifenden Volumeinheit zurückgeführt, wodurch die Belastung und damit die Abnutzung des Einzelkornes herabgesetzt wird. Daraus leitet sich die Forderung ab, die Scheibenumfangsgeschwindigkeit so hoch wie möglich, mindestens aber bis an die Grenze der auf Grund der Scheibenfestigkeit behördlich festgesetzten höchsten Umfangsgeschwindigkeit zu wählen.

Eine Möglichkeit zur Erhöhung der Umfangsgeschwindigkeit darüber hinaus ist bei Verwendung lochloser Scheiben gegeben, die durch Fliehkraft bei gleicher Drehzahl weit weniger beansprucht werden als Scheiben mit Bohrung und deren Bruchumfangsgeschwindigkeit deswegen entsprechend höher liegt.

Nach theoretischen Überlegungen, die im folgenden abgeleitet sind, stehen lochlose Scheiben, selbst noch Scheiben mit kleinster Bohrung gegenüber unter nur halber Beanspruchung durch die Fliehkraft. Die Schaffung hochmolekularer und in Teil I der Arbeit untersuchter hochfester Klebstoffe ermöglicht den experimentellen Beweis der Theorie und die praktische Ausnutzung der Erkenntnisse durch planseitiges sicheres Aufkleben der bohrungslosen Scheiben auf einen Trägerflansch (Abb.2).

2.1 Theoretische Grundlagen

In den folgenden theoretischen Ableitungen sind die elastomechanischen Zusammenhänge bei umlaufenden dünnen Scheiben erläutert und die Spannungen von Scheiben mit kleinster Bohrung denjenigen lochloser Scheiben gegenübergestellt.

2.11 Durch Fliehkraft hervorgerufene Spannungen in umlaufenden Scheiben

Solange eine verhältnisgleiche Abhängigkeit der Dehnung von der Spannung, d.h. eine rein elastische Verformung vorliegt, sind zur Berechnung der durch die Fliehkraft hervorgerufenen Spannungen in umlaufenden Scheiben aus homogenem und isotropem Werkstoff die Gesetze der Elastomechanik anwendbar. In dünnen Scheiben mit oder ohne zentrische Bohrung treten nur Tangentialspannungen σ_t und Radialspannungen σ_r auf, die sich aus den auf Grund der Kräfteverhältnisse (Abb.1) aufgestellten Gleichgewichtsbedingungen berechnen lassen, wenn die Fliehkraft als äußere Kraft angesetzt wird.

$$\sigma_r \cdot b \cdot r \cdot d\psi + \sigma_t \cdot b \cdot r \cdot d\psi = (\sigma_r + d\sigma_r) \cdot b(r+dr) \cdot d\psi + \frac{\gamma}{g} \omega^2 \cdot b \cdot r \cdot d\psi \cdot dr$$

Aus diesen Gleichgewichtsbedingungen leitet sich die Grundgleichung

$$\sigma_t = \frac{d}{dr}(r \cdot \sigma_t) + \frac{\gamma}{g} \cdot \omega^2 \cdot r^2$$

ab, die statisch unbestimmt ist und zu deren Lösung die Verträglichkeitsbedingungen

$$\varepsilon_r = \frac{d\Delta r}{dr} \qquad \varepsilon_r = \frac{\Delta r}{r}$$

aus denen

$$\varepsilon_r = \frac{d}{dr}(r \cdot \varepsilon_t)$$

folgt, herangezogen werden müssen.

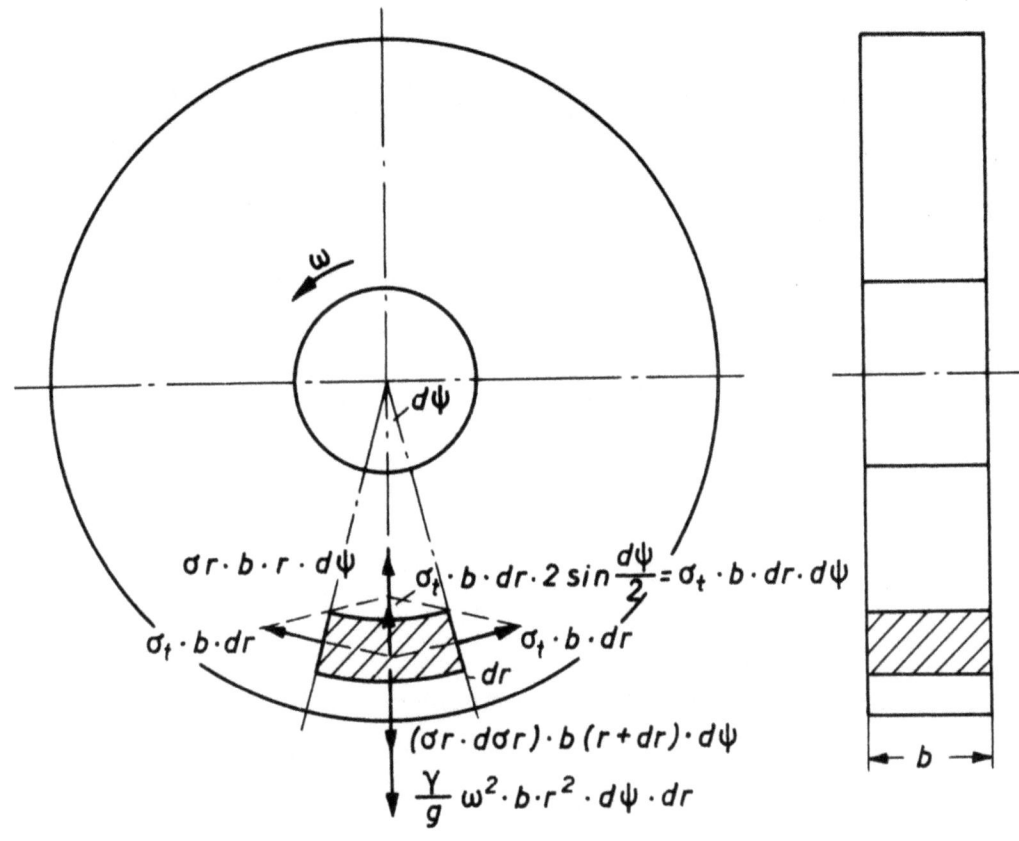

Abbildung 1

Durch Fliehkraft hervorgerufene Spannungen in umlaufenden Scheiben

Das HOOKsche Gesetz liefert daraus nach der Berücksichtigung der Querdehnung über die Querdehnungszahl μ die beiden Gleichungen für die Dehnungen in tangentialer und radialer Richtung:

$$E \cdot \varepsilon_t = \sigma_t - \frac{\sigma_r}{\mu}$$

und

$$E \cdot \varepsilon_r = \sigma_r - \frac{\sigma_t}{\mu}$$

durch deren Addition unter Verwendung der Verträglichkeitsbedingung

$$\varepsilon_r = \frac{d}{dr}(r \cdot \varepsilon_t)$$

die Beziehung:

$$\sigma_r - \frac{\sigma_t}{\mu} = \frac{d}{dr}(r \cdot \sigma_t) - \frac{1}{\mu} = \frac{d}{dr}(r \cdot \sigma_r)$$

zustande kommt.

Die Addition dieser Beziehung mit der Grundgleichung aus der Gleichgewichtsbedingung liefert die Differentialgleichung:

$$\sigma_r = \frac{d}{dr}(r \cdot \sigma_t) + \frac{1}{\mu} \cdot \frac{\gamma}{g} \cdot \omega^2 \cdot r^2$$

die zusammen mit der Grundgleichung:

$$\sigma_t = \frac{d}{dr}(r \cdot \sigma_t) + \frac{\gamma}{g} \cdot \omega^2 \cdot r^2$$

gleichfalls eine Differentialgleichung der allgemeinen Lösungen

$$\sigma_r = A + \frac{B}{r^2} - \frac{3\mu + 1}{8\mu} \cdot \frac{\gamma}{g} \cdot \omega^2 \cdot r^2$$

$$\sigma_t = A - \frac{B}{r^2} - \frac{\mu + 3}{8\mu} \cdot \frac{\gamma}{g} \cdot \omega^2 \cdot r^2$$

ergibt.

Nach Berücksichtigung der Randbedingungen:

$$r = r_i \quad : \quad \sigma_r = 0$$

$$r = r_a \quad : \quad \sigma_r = 0$$

lassen sich die Integrationskonstanten A und B über die beiden Beziehungen:

$$r = r_i : 0 = A + \frac{B}{r_i^2} - \frac{3\mu + 1}{8\mu} \cdot \frac{\gamma}{g} \cdot \omega^2 \cdot r_i^2$$

$$r = r_a : 0 = A + \frac{B}{r_a^2} - \frac{3\mu + 1}{8\mu} \cdot \frac{\gamma}{g} \cdot \omega^2 \cdot r_a^2$$

berechnen:

$$A = \frac{3\mu + 1}{8\mu} \cdot \frac{\gamma}{g} \cdot \omega^2 (r_a^2 + r_i^2)$$

$$B = \frac{3\mu + 1}{8\mu} \cdot \frac{\gamma}{g} \cdot \omega^2 \cdot r_i^2 \cdot r_a^2$$

In umlaufenden Scheiben treten damit die beiden Spannungen

$$\sigma_r = \frac{3\mu + 1}{8\mu} \cdot \frac{\gamma}{g} \cdot \omega^2 \left[(r_a^2 + r_i^2) - \frac{r_a^2 \cdot r_i^2}{r^2} - r^2 \right]$$

$$\sigma_t = \frac{3\mu + 1}{8\mu} \cdot \frac{\gamma}{g} \cdot \omega^2 \left[(r_a^2 + r_i^2) + \frac{r_a^2 \cdot r_i^2}{r^2} - \frac{\mu + 3}{3\mu + 1} \cdot r^2 \right]$$

auf.

2.12 Die Spannungsverhältnisse bei Scheiben mit kleinster Bohrung und lochlosen Scheiben

Werden die im vorhergehenden Abschnitt hergeleiteten allgemeinen Gleichungen für die durch Fliehkraft verursachten Spannungen in umlaufenden Scheiben auf Scheiben mit Bohrung angewandt, so zeigt sich, daß die größten Fliehkraftspannungen als Tangentialspannungen am Innenrand der Bohrung ($r = r_i$) auftreten:

$$\sigma_{t_i} = \frac{3\mu + 1}{8\mu} \cdot \frac{\gamma}{g} \cdot \omega^2 \left[(r_a^2 + r_i^2) + r_a^2 - \frac{\mu + 3}{3\mu + 1} \cdot r_i^2 \right]$$

$$= \frac{3\mu + 1}{8\mu} \cdot \frac{\gamma}{g} \cdot \omega^2 \left[2r_a^2 + r_i^2 \left(1 - \frac{\mu + 3}{3\mu + 1}\right) \right]$$

Wird die Bohrung verschwindend klein ($r_i \to 0$), so folgt:

$$\sigma_{t_i} = 2\frac{3\mu + 1}{8\mu} \cdot \frac{\gamma}{g} \cdot \omega^2 \cdot r_a^2$$
($r_i \to 0$)

oder nach Einführung der Umfangsgeschwindigkeit $v = r_a \cdot \omega$

$$\sigma_{t_i} = 2\frac{3\mu + 1}{8\mu} \cdot \frac{\gamma}{g} \cdot v^2$$

Die Spannungen in Vollscheiben ($r_i = 0$) können gleichfalls aus den Endgleichungen des vorhergehenden Abschnitts abgeleitet werden:

$$\sigma_r = \frac{3\mu + 1}{8\mu} \cdot \frac{\gamma}{g} \cdot \omega^2 \left[r_a^2 - r^2 \right]$$

$$\sigma_t = \frac{3\mu + 1}{8\mu} \cdot \frac{\gamma}{g} \cdot \omega^2 \left[r_a^2 - \frac{\mu + 3}{3\mu + 1} r^2 \right]$$

Für die Spannungen im Kern der Vollscheibe ($r = 0$) ergibt sich:

$$\sigma_{r_o} = \sigma_{t_o} = \frac{3\mu + 1}{8\mu} \cdot \frac{\gamma}{g} \cdot \omega^2 \cdot r_a^2$$

oder nach Einführung der Umfangsgeschwindigkeit $v = r_a \cdot \omega$

$$\sigma_{t_o} = \frac{3\mu + 1}{8\mu} \cdot \frac{\gamma}{g} \cdot v^2$$

Die Tangential- und Radialspannung einer bohrungslosen Scheibe beträgt demnach nur die Hälfte der Tangentialspannung am Innenrand einer Scheibe mit verschwindend kleiner Bohrung: $\sigma_{t_o} = \frac{1}{2} \cdot \sigma_{t_i}$

2.2 Versuchsanordnung

Prüfscheiben und Meßeinrichtung für Dehnungsmessungen

Zum Beweis der Theorie der halben Beanspruchung lochloser Scheiben gegenüber Scheiben mit kleinster Bohrung wurden keramisch gebundene Schleifscheiben Körnung 46, Härte R mit einem Außendurchmesser von r_a = 300 mm und einer Breite von b = 30 mm sowohl als lochlose Scheiben als auch mit einer mittigen Bohrung von d_i = 3 mm ⌀ versehen, verwendet. Aus herstellungstechnischen Gründen konnte die mittige Bohrung nicht unter 3 mm ⌀ gewählt werden.

Die Versuchsscheiben wurden in beiden Fällen auf Flansche gleicher Abmessungen mittig aufgeklebt (Abb.2), so daß für beide Scheiben dieselben "Einspannbedingungen" vorlagen und in tangentialer Richtung am Bohrungsrand und in entsprechendem Abstand vom Mittelpunkt im Falle der bohrungslosen Scheibe mit einem Dehnungsmeß-Streifen versehen.

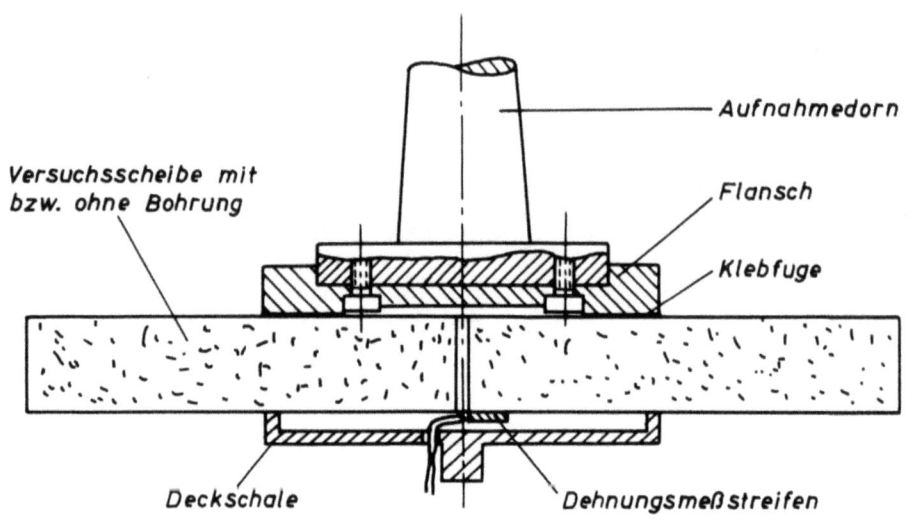

A b b i l d u n g   2

Versuchsreihe mit aufgeklebtem Flansch, Dehnungsmeßstreifen und Deckschale

Eine über dem Geber gleichfalls mittig aufgeklebte Deckschale verhinderte eine Abkühlung der Meßstelle durch die beim Umlauf der Scheibe entstehende Luftströmung (Abb.2), die eine scheinbare Dehnung verursachen würde.

Die Signale des Gebers, dessen geringes Gewicht praktisch keine zusätzliche Unwucht der Scheibe hervorrief, wurden durch einen Schleifringübertrager an eine dynamische Dehnungsmeßbrücke, Bauart BRANDAU, weitergeleitet (Abb.3). Die auf einer Welle angeordneten zehn aus Feinsilber gefertigten Schleifringe gestatteten bei nur einer Meßstelle durch gleichzeitigen Einsatz mehrerer Kontakte in Parallelschaltung und bei Anordnung von je vier Silber-Graphit-Bürsten an jedem Schleifring eine gute Übertragung der Gebersignale (Abb.5). Die Übertragerwelle war durch einen elastischen Kupplungsschlauch aus Polyäthylen mit dem Aufnahmedorn der Deckschale verbunden, über den ein Plexiglasring als Träger der Lötösen für die Drahtzuleitungen zu den Schleifringen geschoben wurde. Durch seine Befestigung am Gegenlager des Prüfstandes konnte der Schleifringübertrager in jeder Richtung in einer Ebene verstellt und auf die Achse der Prüfspindel ausgerichtet werden.

Abbildung 3

Prüfscheibe mit Deckschale und angeschlossenem Schleifringübertrager im Prüfstand für schnellumlaufende Werkzeuge

Die Anordnung der Meßschaltung geht aus Abbildung 4 hervor. Da auf der Scheibe während des Umlaufes keine dehnungsfreien Stellen vorhanden sind, wurde der Vergleichsstreifen für den Temperaturausgleich auf einen ruhenden Schleifkörper aufgeklebt, der gleichfalls gegen Luftströmung isoliert wurde. Der Übergangswiderstand der Schleifringe war gegenüber dem

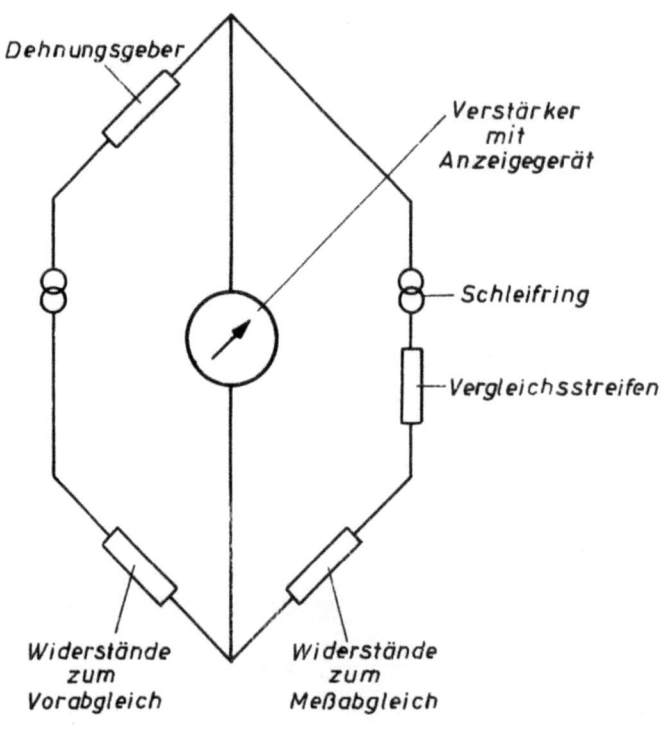

Abbildung 4

Schaltung der elektrischen Einrichtung für Dehnungsmessung

hohen Eigenwiderstand der Meßbrücke bedeutungslos und blieb ohnedies infolge seiner Kompensation durch die beiden Zweige ohne Einfluß auf die Meßgenauigkeit.

Messung der Drehzahl

Zur Messung der Drehzahl der Prüfscheibe wurde der in das Steuerpult des Prüfstandes eingebaute Zungenfrequenzgeber verwendet, dessen Signale ohne Verstärkung durch einen Schleifenoszillographen, Bauart FISCHER, registriert wurden. Durch Auszählen der auf dem Oszillographenschrieb erscheinenden Impulse und Vergleich mit der vom Oszillographen im Zeitabstand von 1/300 [s] mit großer Genauigkeit gleichfalls aufgezeichneten Stimmgabelfrequenz konnte die augenblickliche Drehzahl der Spindel bzw. der Prüfscheibe ermittelt werden.

Die Zeit für 10 Umdrehungen ließ sich jeweils auf $\pm$ 1/3 · 1/300 s genau ablesen, so daß die größte bezogene Auswertungsungenauigkeit der Zeit für eine Umdrehung

$$\frac{\Delta t}{t} = \pm \frac{1}{9000}$$

und damit die größte auf die Winkelgeschwindigkeit bezogene Ungenauigkeit

$$\frac{\Delta \omega}{\omega} = \pm \frac{n}{9000}$$

betrug. Das entspricht bei der höchsten verwendeten Winkelgeschwindigkeit von $\omega = 430$ [1/s] einer größten bezogenen Ungenauigkeit von

$$\frac{\Delta \omega}{\omega} = \pm \frac{430}{9000} = 0,05 \ .$$

2.3 Versuchsdurchführung

Der Stahlflansch (St.50.11) zur Aufnahme des Einspanndornes wurde jeweils mit Araldit-Bindemittel 123 B aufgeklebt, das infolge seines Füllstoffes nach den Untersuchungen in Teil I dieser Arbeit, die durch die Warmaushärtung auftretenden Eigenspannungen auch bei größeren Klebeflächen teilweise ausgleicht. Die Oberfläche des Stahlflansches wurde bei kleiner Schnittgeschwindigkeit und kleinem Vorschub abgedreht. Die selbst bei Zuhilfenahme einer Vorrichtung beim Aufkleben des Flansches entstehende Unwucht konnte durch nachträgliches Abdrehen der Scheibe beseitigt werden. Das genau mittige Aufkleben der Deckschale mit Dorn zur Aufnahme der Übertragerkupplung erfolgte auf der Drehbank unter Zuhilfenahme des Reitstocks, wobei die Versuchsscheibe bis zum völligen Abbinden des Klebstoffes eingespannt blieb.

Die auf diese Weise vorbereitete Prüfscheibe wurde in den Prüfstand für schnellumlaufende Werkzeuge eingebaut und die tangentiale Dehnung am Innenrand der Bohrung bzw. bei der lochlosen Scheibe im Scheibenmittelpunkt bei stufenweiser Erhöhung der Drehzahl von $n = 4500$ [U/min] gemessen (Abb.5).

Nach Abkuppeln des Schleifringübertragers wurde die Umfangsgeschwindigkeit der Scheibe bis zum Bruch gesteigert und die Bruchdrehzahl am Drehzahlmeßgerät des Steuerpultes abgelesen.

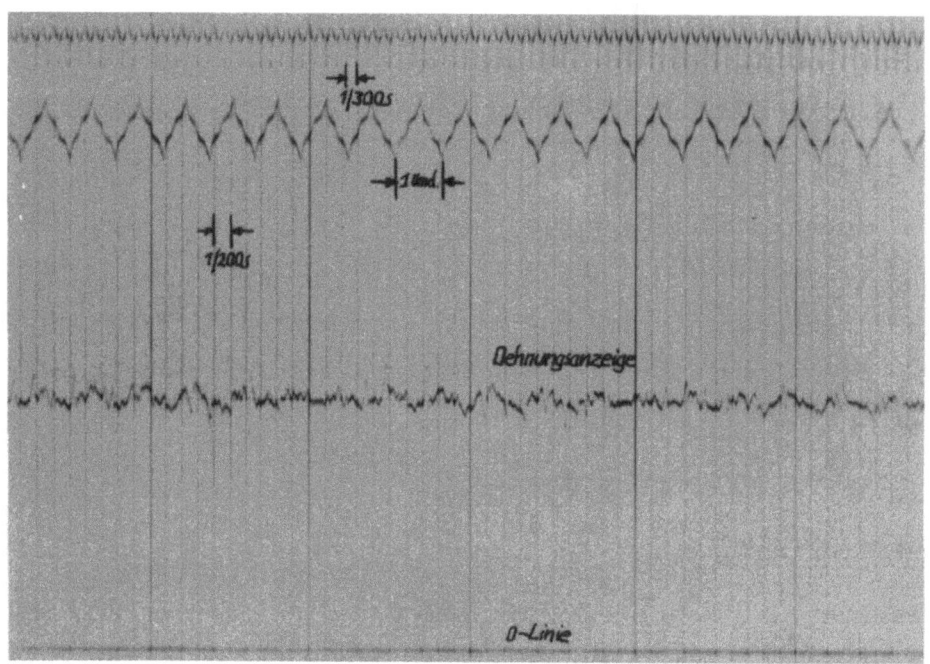

A b b i l d u n g   5

Oszillogramm einer Dehnungsmessung bei einer Nenndrehzahl von
n = 3500 [U/min]

2.4 Versuchsergebnisse

Zum Beweis der Theorie wurden sowohl die Dehnungen am Innenrand der Bohrung bei der gelochten Scheibe bzw. im Mittelpunkt der lochlosen Scheibe in tangentialer Richtung gemessen, als auch die Bruchdrehzahlen beider Scheiben festgehalten.

2.41 Das Verhältnis der Dehnungen

Innerhalb des elastischen Bereiches stehen bei Gültigkeit der im vorhergehenden Abschnitt abgeleiteten Theorie der halben Beanspruchung lochloser Scheiben gegenüber Scheiben mit kleinster Bohrung die Tangentialdehnungen im Mittelpunkt der lochlosen Scheibe und am Rand der verschwindend kleinen Bohrung wie die Tangentialspannungen an diesen Stellen im Verhältnis:

$$\frac{\varepsilon_{t_i}}{\varepsilon_{t_o}} = \frac{\sigma_{t_i}}{\sigma_{t_o}} = 2$$

zueinander.

Die im elastischen Bereich bei stufenweiser Steigerung der Drehzahl aufgenommenen und auf Seite 113 in Abhängigkeit der Umfangsgeschwindigkeit

Seite 112

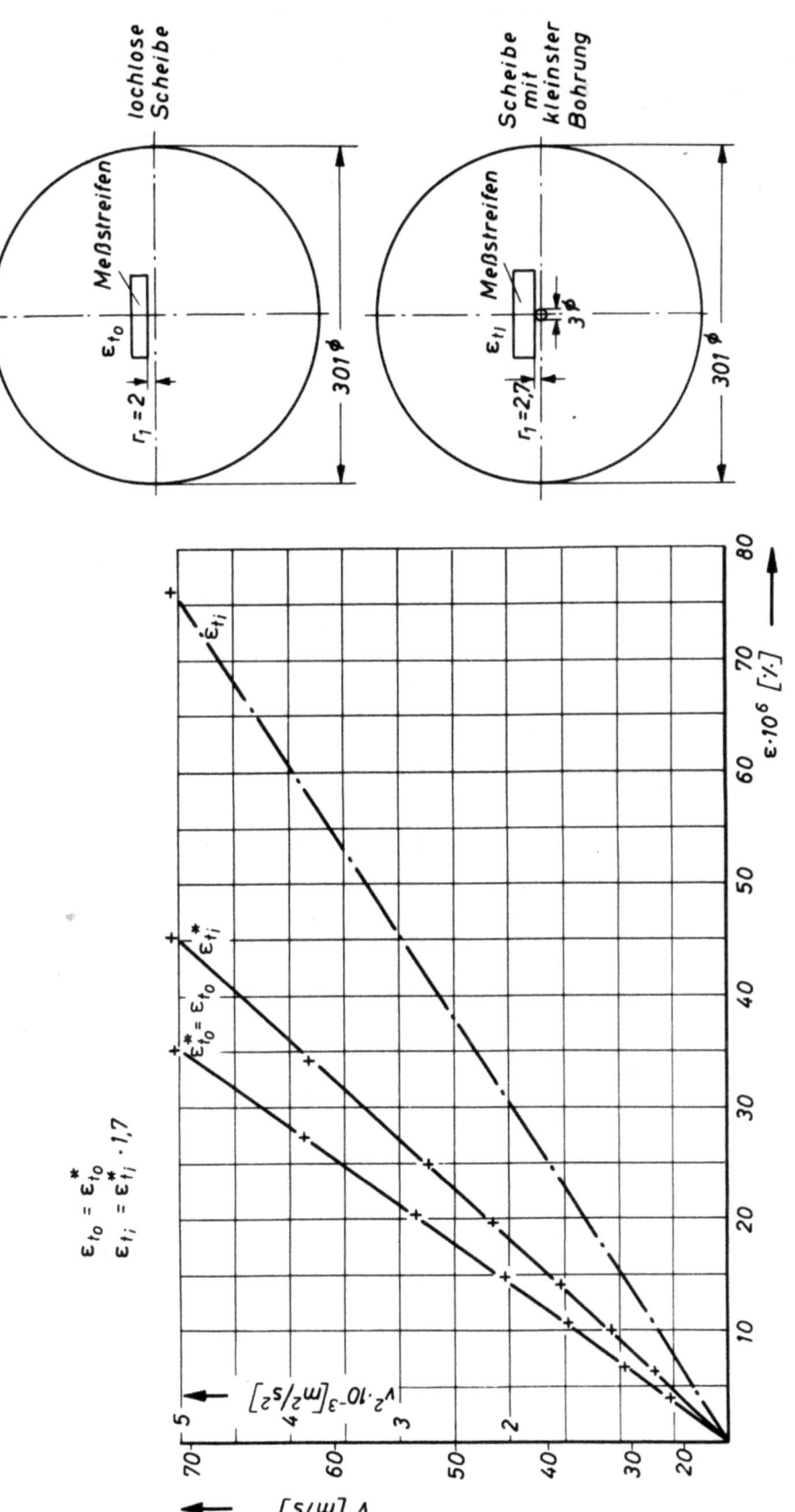

Abbildung 6

Gemessene Tangentialdehnungen ε_{t_o} und ε_{t_i} an einer lochlosen Scheibe und an einer Seibe mit 3 mm Bohrung 46 R Ke

der Prüfscheibe aufgetragenen Dehnungen ε_{t_o} und ε_{t_i} erfahren eine rechnerische Berichtigung, weil aus versuchstechnischen Gründen der Dehnungsmeßstreifen weder bei der Prüfung der lochlosen Scheibe genau im Mittelpunkt, noch bei der Prüfung der Scheibe mit einer 3-mm-Ø-Bohrung genau am Bohrungsrand angebracht werden konnte. Bei der Untersuchung der bohrungslosen Scheibe betrug der Abstand der äußersten Windung des Meßstreifens vom Scheibenmittelpunkt $r_1 = 2$ mm bei der Untersuchung der Scheibe mit einer 3-mm-Ø-Bohrung $r_1 = 2{,}7$ mm.

Das Verhältnis der Spannungen bzw. Dehnungen im Abstand r_1 vom Mittelpunkt und im Mittelpunkt bzw. am Bohrungsrand selbst läßt sich rechnerisch ermitteln und beträgt im Falle der bohrungslosen Scheibe bei einer Querdehnungszahl von $\mu = 5{,}12$ unter Benutzung der auf Seite 106 aufgestellten Beziehungen:

$$a = \frac{\varepsilon_{t_r}\, r=0}{\varepsilon_{t_r}\, r=r_1} = \frac{r_a^2}{r_a^2 - \frac{\mu+3}{3\mu+1} \cdot r_1^2}$$

$$= \frac{15^2}{15^2 - \frac{5{,}12+3}{3\cdot 5{,}12+1} \cdot 0{,}2^2} = 1{,}0$$

und im Falle der Scheibe mit einer 3-mm-Ø-Bohrung

$$b = \frac{\varepsilon_{t_r}\, r=r_i}{\varepsilon_{t_r}\, r=r_1} = \frac{2 r_a^2 + r_i^2 - r_i^2 \cdot \frac{\mu+3}{3\mu+1}}{(r_a^2 + r_i^2) + \frac{r_a^2 \cdot r_i^2}{r_1^2} - \frac{\mu+3}{3\mu+1} \cdot r_1^2}$$

$$= \frac{2\cdot 15^2 + 0{,}15^2 - 0{,}15^2 \cdot \frac{5{,}12+3}{3\cdot 5{,}12+1}}{(15^2 + 0{,}15^2) + \frac{15^2 \cdot 0{,}15^2}{0{,}27^2} - \frac{5{,}12+3}{3\cdot 5{,}12+1} \cdot 0{,}27^2} = 1{,}5$$

Die an der bohrungslosen Scheibe ermittelte Dehnung entspricht der jeweils bei gleicher Drehzahl im Scheibenmittelpunkt auftretenden Dehnung, während die Tangentialdehnung ε_{t_i} am Bohrungsrand der Scheibe mit einer 3-mm-Ø-Bohrung wesentlich über derjenigen im Abstand r_1 vom Mittelpunkt liegt.

$$\varepsilon_{t_o} = a \cdot \overline{\varepsilon}_{t_o}$$

$$\varepsilon_{t_i} = b \cdot \overline{\varepsilon}_{t_i}$$

Für die bei einer Drehzahl von n = 3500 [U/min] entsprechend einer Umfangsgeschwindigkeit von v = 53,7 [m/s] ermittelten Werte ergibt sich ein Verhältnis der Tangentialdehnungen am Innenrand der Scheibe mit einer 3-mm-⌀-Bohrung zur tangentialen Dehnung im Mittelpunkt der bohrungslosen Scheibe von:

$$\frac{\varepsilon_{t_o}}{\varepsilon_{t_i}} = \frac{a}{b} \cdot \frac{\overline{\varepsilon}_{t_o}}{\overline{\varepsilon}_{t_i}}$$

$$= \frac{1,0}{1,5} \cdot \frac{35 \cdot 10^{-6}}{45 \cdot 10^{-6}}$$

$$\varepsilon_{t_o} = 0,52 \cdot \varepsilon_{t_i} .$$

Das entspricht einer Abweichung um 4 % vom theoretischen Wert. Das mit Hilfe von Dehnungsmeßstreifen ermittelte Dehnungsverhältnis kann nicht als genauer Beweis der Theorie gewertet werden, weil sich die Meßstreifen nicht genau an der erforderlichen Stelle anbringen lassen und zur Berichtigung der gemessenen Werte die der Theorie zu Grunde gelegten Beziehungen benutzt werden mußten.

2.42 Das Verhältnis der Bruchumfangsgeschwindigkeiten

Beim Bruch der lochlosen Scheibe und der Scheibe mit verschwindend kleiner Bohrung wurden zwar zur Vermeidung einer Beschädigung des Schleifringübertragers durch abgesprengte Teile die Tangentialdehnungen ε_{t_o} und ε_{t_i} nicht mehr gemessen, wohl aber die Bruchumfangsgeschwindigkeiten v_{B_o} und v_{B_b} mittels des in das Steuerpult des Prüfstandes eingebauten Drehzahlmessers festgehalten.

Wie aus der Elastizitätstheorie ja bekannt ist, sind die Spannungen dem Quadrat der Umfangsgeschwindigkeiten proportional, so daß bei Gültigkeit der Theorie der halben Beanspruchung lochloser Scheiben gegenüber Scheiben mit kleinster Bohrung die Bruchumfangsgeschwindigkeiten im Verhältnis

$$\frac{v_{B_o}}{v_{B_b}} = \sqrt{2}$$

zueinander stehen müssen.

Auf Grund der im Versuch durch je drei Einzelmessungen ermittelten Bruchumfangsgeschwindigkeit v_{B_o} und v_{B_b} beträgt das Verhältnis:

$$\frac{v_{B_o}}{v_{B_b}} = \frac{138\ [m/s]}{113\ [m/s]} = 1,22$$

das damit um 12 % vom theoretischen Wert abweicht und wie das im vorhergehenden Abschnitt ermittelte Dehnungsverhältnis zu niedrig liegt. Die Erscheinung kann nicht damit zusammenhängen, daß sich die Bruchdrehzahlen beider Scheiben auf Grund der von R. GRAMMEL und O. MOHR angenommenen Stützwirkung gegenüber den nach den elastomechanischen Beziehungen ermittelten Werten verschieden erhöhen, da sich das Verhältnis nach den von beiden Forschern aufgestellten Näherungsformeln für die Erhöhung gemessener gegenüber errechneter Umfangsgeschwindigkeiten

$$\overline{v}_{B_o} = 3 \cdot v_{B_o} \quad \text{(lochlose Scheibe) und}$$

$$\overline{v}_{B_b} = \frac{3}{1+Q+Q^2} \cdot v_{B_b} \quad \text{(Scheibe mit Bohrung)}$$

noch verschlechtern würde. Praktisch bliebe eine unterschiedliche Erhöhung der Bruchumfangsgeschwindigkeit infolge des kleinen Durchmesserverhältnisses $Q = D_i/D_a$ für Scheiben mit kleinster Bohrung ohnedies bedeutungslos. Eine unterschiedliche Stützwirkung durch die Klebefuge scheidet zur Erklärung des Verhältnisunterschiedes ebenso aus wie eine unterschiedliche Beschleunigung bei der Drehzahlerhöhung, da die Versuchsbedingungen in beiden Fällen aufeinander abgestimmt waren.

Sehr wahrscheinlich ist aber das der Theorie gegenüber um 12 % kleinere Verhältnis der Bruchumfangsgeschwindigkeiten auf die Struktur der Schleifkörper zurückzuführen, die im Kern der lochlosen Scheibe wie an jeder anderen Stelle ein ganz bestimmtes Verhältnis an Materie in Form von Schleifkörnern und Bindung zu freiem Raum in Form von Poren aufweist. Ist der Kern ausschließlich durch Material ausgefüllt, so wird eine größtmögliche Annäherung des im Versuch ermittelten Verhältnisses an das theoretische Verhältnis zu beobachten sein, wird aber der Stoffanteil gegenüber dem Porenanteil verschwindend klein, dann müssen die elastomechanischen Beziehungen für verschwindend kleine Bohrung angewandt werden. Zwischen diesen beiden Extremwerten wird aber die Differenz zwischen dem versuchsmäßig ermittelten und dem theoretisch errechneten Verhältnis der Bruchumfangsgeschwindigkeiten proportional zu dem Verhältnis des ausgefüllten zum freien Raum im Kern stehen.

Diese Überlegungen erklären gleichermaßen sowohl das in Dehnungsmessungen als auch durch Ermittlung der Bruchumfangsgeschwindigkeiten gegenüber dem theoretischen Wert festgestellte kleinere Beanspruchungsverhältnis.

Abbildung 7 zeigt das Bruchbild einer bohrungslosen Versuchsscheibe, Abbildung 8 das Bruchbild einer Versuchsscheibe mit einer 3-mm-⌀-Bohrung. Beide Male wurde die Scheibe entlang des Flanschenumfangs abgesprengt, was darauf hindeutet, daß die Klebefuge eine gewisse Stützwirkung auf die Scheibe auswirkt. Aus Abbildung 8 geht jedoch hervor, daß der Bruch der gelochten Versuchsscheibe vom Bohrungsrand ausging und sich radial nach dem Scheibenumfang hin ausbreitete.

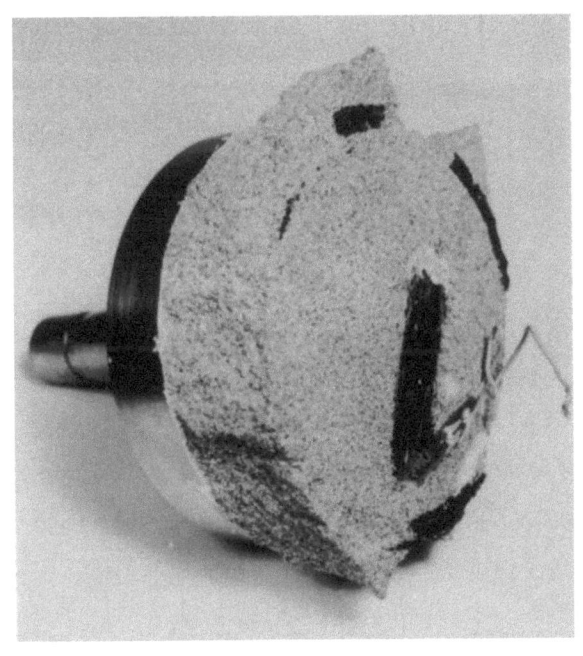 

A b b i l d u n g   7

Bruchbild der bohrungslosen Scheibe

A b b i l d u n g   8

Bruchbild der Versuchsscheibe mit einer 3-mm-⌀-Bohrung

3. Festigkeit geklebter Konstruktionen

Im folgenden ist die Festigkeit planseitig aufgeklebter und durch Einkleben eines Kernes hergestellter lochloser Scheiben und die Festigkeit der Klebverbindung planseitig aufgeklebter und auf Seitenlast sowie auf Schlag beanspruchter Scheiben mit Bohrung untersucht.

3.1 Festigkeit gefüllter Scheiben

Zur wirtschaftlichen Herstellung bohrungsloser Schleifscheiben, mit welchen sich nach Abschnitt 2.4 höhere Umfangsgeschwindigkeiten erreichen lassen, kann eine Schleifscheibe aus einem aus hochwertigem Schleifkorn gefertigten Ring und einem Kern aus minderwertigem zum Schleifen unbrauchbaren Korn bestehen (Abb.9). Dabei dient der Kern nur als Träger und kommt mit dem zu schleifenden Werkstück nicht in Berührung. Im folgenden ist untersucht, ob auf diese Weise hergestellte lochlose Scheiben einer in einem Arbeitsgang gefertigten Vollscheibe gleicher Abmessungen in festigkeitsmäßiger Hinsicht entspricht.

3.11 Theoretische Grundlagen

Nach den auf Seite 107 abgeleiteten Gleichungen für die Spannungen in umlaufenden Scheiben ergibt sich für die gefährliche Tangentialspannung $\sigma_{t_{x_i}}$ am Innenrand der Bohrung mit Halbmesser r_x einer gelochten Scheibe mit dem Außenhalbmesser r_a:

$$\sigma_{t_{x_i}} = \frac{3\mu+1}{8\mu} \cdot \frac{\gamma}{g} \cdot \omega^2 \left[r_a^2 + r_x^2 + \frac{r_a^2 \cdot r_x^2}{r_x^2} - \frac{\mu+3}{3+1} \cdot r_x^2 \right] 1 \qquad (1)$$

Ist die Bohrung der Scheibe durch Einkleben eines lochlosen Kernes aus gleichem Werkstoff ausgefüllt, so wird die Festigkeit der dadurch entstandenen bohrungslosen Scheibe ganz davon abhängig, inwieweit der Klebstoff in der Lage ist, die im Abstand r_x vom Mittelpunkt am ehemaligen Bohrungsrand entstehenden gefährlichen Tangentialspannung $\sigma_{t_{x_i}}$ durch Übertragung auf den Kern abzubauen bzw. auf den Wert der Tangentialspannung $\sigma_{t_{x_o}}$ an gleicher Stelle einer lochlosen Scheibe zurückzuführen.
Sofern das restlos gelingt, kann die geklebte Konstruktion als lochlose Scheibe angesehen werden, die Wirkung der Bohrung verschwindet und damit die Glieder r_x^2 und $\frac{r_a^2 \cdot r_x^2}{r_x^2}$ aus (1). Die Tangentialspannung im Ab-

stand r_x vom Scheibenmittelpunkt ergibt sich zu:

$$\sigma_{t_{x_o}} = \frac{3\mu + 1}{8\mu} \cdot \frac{\gamma}{g} \cdot \omega^2 \left[r_a^2 - \frac{\mu + 3}{3\mu + 1} \cdot r_x^2 \right] \qquad (2)$$

Je kleiner der Elastizitätsmodul und je größer das plastische Fließen des Klebstoffes, d.h. je schwächer der Klebstoff ist, desto mehr wird sich die Festigkeit der geklebten Vollscheibe der Festigkeit der gelochten Scheibe nähern und umgekehrt der lochlosen Scheibe.

3.12 Versuchsanordnung und Versuchsdurchführung

Zur Durchführung des Versuches wurden keramisch gebundene Scheiben mit Bohrung, Körnung 46, Härte R, mit einem Außendurchmesser von d_a = 300 mm, einer Breite b = 30 mm und einem Bohrungsdurchmesser von d_{x_B} = 80 mm mit und ohne eingeklebten Kern verwendet. Der Durchmesser des aus gleichem Werkstoff gefertigten Kernes betrug b_{x_k} = $80^{-0,5}$ mm, d.h. der Kern war leicht schleifend in die Bohrung eingepaßt. Zum Einkleben des Kernes in die Bohrung und zum Aufkleben der dadurch entstandenen lochlosen Scheibe auf den Aufnahmeflansch diente Araldit-Bindemittel 123 B. Die Härtung

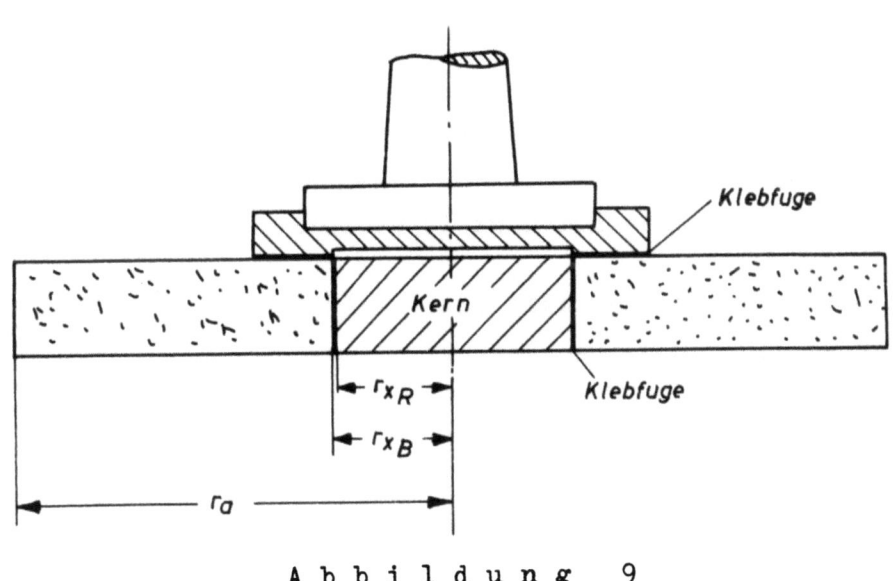

Abbildung 9

Scheibe mit eingeklebtem Kern

beider Klebefugen erfolgte gleichzeitig im Härteofen bei einer Temperatur von 100°C und einer Härtedauer von 1,5 [h] (Aufwärmung der Scheibe auf Härtetemperatur eingeschlossen). Die beim Aufkleben des Aufnahmeflansches entstehende Unwucht wurde nach der Härtung durch Abdrehen der Scheibe beseitigt.

Die planseitige Klebefuge übte auf die Scheibe mit und ohne eingeklebtem Kern dieselbe Stützwirkung aus, da jeweils Flansche gleicher Abmessungen und gleichen Werkstoffs (St.50.11) verwendet wurden. Dadurch lagen für beide Scheiben wie bei den Untersuchungen in Abschnitt 2 dieselben "Einspannbedingungen" vor. Wie dem Aufbau der zum Versuch vorbereiteten Scheibe in Abbildung 9 zu entnehmen ist, wirken auf den Kern keine äusseren Kräfte ein, die das Versuchsergebnis beeinflussen können.

Die vorbereiteten Scheiben wurden in den Prüfstand für schnellumlaufende Werkzeuge eingebaut und die Tangentialdehnung $\varepsilon_{t_{x_i}}$ am Innenrand der gelochten Scheibe ohne eingeklebten Kern bzw. die Tangentialdehnung $\varepsilon_{t_{x_o}}$ im entsprechenden Abstand vom Scheibenmittelpunkt an der ursprünglich gelochten und nachträglich durch Einkleben eines Kernes gefüllten Scheibe mit Hilfe von Dehnungsmeßstreifen nach der bereits auf Seite 109 beschriebenen Versuchsanordnung bei stufenweiser Erhöhung der Umfangsgeschwindigkeit gemessen.

Nach Abkuppeln des Schleifringübertragers konnte die Umfangsgeschwindigkeit jeweils bis zum Bruch gesteigert werden.

3.13 Versuchsergebnisse

Die an einer Scheibe mit und an einer Scheibe ohne eingeklebten Kern bei stufenweiser Steigerung der Umfangsgeschwindigkeit ermittelten Dehnungen $\overline{\varepsilon}_{t_{x_o}}$ bzw. $\overline{\varepsilon}_{t_{x_i}}$ Umfangsgeschwindigkeit aufgetragen. Das bei der höchsten verwendeten Umfangsgeschwindigkeit von $v = 63,2$ [m/s] ermittelte Dehnungsverhältnis beider Scheiben betrug:

$$\frac{\overline{\varepsilon}_{t_{x_i}}}{\overline{\varepsilon}_{t_{x_o}}} = \frac{90 \cdot 10^{-6}}{52 \cdot 10^{-6}} = 1,73$$

Theoretisch ergibt sich nach den auf Seite 118 aufgestellten Gleichungen (1) und (2) folgendes Verhältnis:

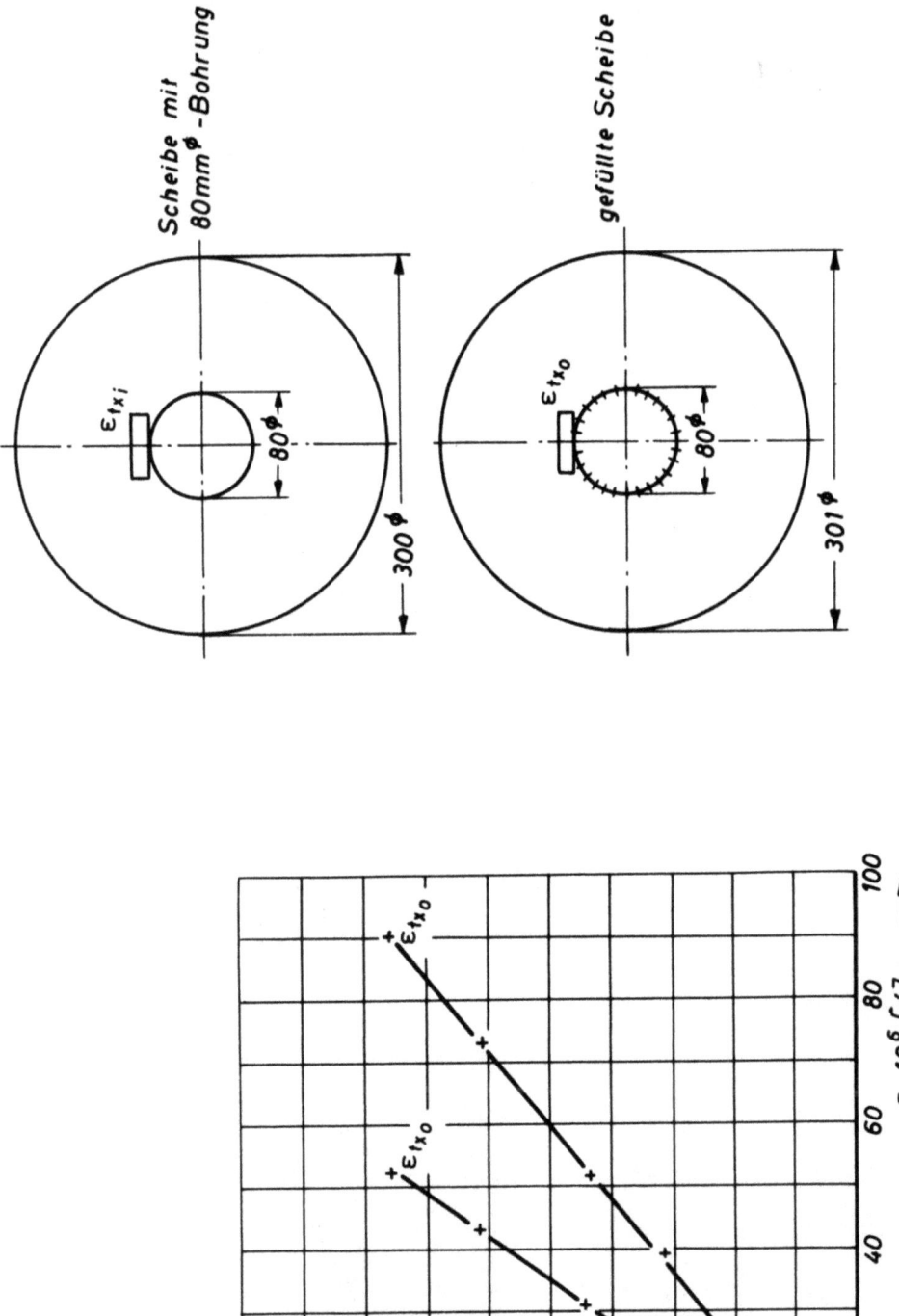

Abbildung 10 Gemessene Tangentialdehnungen ε_{x_i} und ε_{x_o} an einer gefüllten und ungefüllten Scheibe mit ursprünglich gleicher Bohrung

$$\frac{\sigma_{t_{x_i}}}{\sigma_{t_{x_o}}} = \frac{\varepsilon_{t_{x_i}}}{\varepsilon_{t_{x_o}}} = \frac{2 r_a^2 + r_x^2 (1 \frac{\mu+3}{3\mu+1})}{r_a^2 - \frac{\mu+3}{3\mu+1} \cdot r_x^2}$$

$$= \frac{2 \cdot 15^2 + 4^2 (1 - \frac{5{,}12+3}{3 \cdot 5{,}12+1})}{15^2 - \frac{5{,}12+3}{3 \cdot 5{,}12+1} \cdot 4^2} = 2{,}1$$

Das entspricht einer Abweichung des im Vergleich ermittelten Dehnungsverhältnisses vom theoretischen Dehnungsverhältnis um 17,5 %.

Das Verhältnis des Quadrats der ermittelten Bruchdrehzahlen ergibt sich zu:

$$\frac{v_{B_o}}{v_{B_b}} = \frac{8.600^2}{6.500^2} = 1{,}75$$

und weicht um 16 % vom theoretischen Wert ab. Das mag damit zusammenhängen, daß aus Zeit- und Kostenersparnis nur je ein Versuch durchgeführt wurde.

Abbildungen 11 und 12 zeigen die Scheiben nach dem Bruch.

Die Festigkeit der Klebverbindungen übertraf stets die Festigkeit der Schleifkörper.

Auf Grund dieser Versuchsergebnisse kann gesagt werden, daß sich durch

A b b i l d u n g   11
Gefüllte Scheibe nach dem Bruch

A b b i l d u n g   12
Scheibe mit Bohrung nach dem Bruch

Einkleben eines Kernes in Scheiben mit Bohrung annähernd die Spannungsverhältnisse in einer in einem Arbeitsgang gefertigten Scheibe ohne Bohrung erreichen lassen.

3.2 Festigkeit planseitig aufgeklebter Scheiben mit Bohrung bei Beanspruchung auf Seitenlast und Schlag

Zur Prüfung der Klebverbindung planseitig aufgeklebter Scheiben auf Seitenlast und Schlagempfindlichkeit kamen gleichfalls keramisch gebundene gelochte Scheiben, Körnung 46, Härte R, mit den bereits bekannten Abmessungen d_a = 300 mm ⌀, d_x = 80 mm ⌀, b = 30 mm zur Verwendung.

Die Scheiben wurden mit Araldit-Bindemittel 123 B auf die schon zur Untersuchung in Abschnitt 2 verwendeten Aufnahmeflansche geklebt.

Die Ermittlung der Seitenlastempfindlichkeit erfolgte nach Einbau der geklebten Konstruktion in den Prüfstand für schnellumlaufende Werkzeuge durch Andrücken einer Stahlrolle an die Schleifkörperseitenfläche am äußersten Durchmesser. Die dabei auftretende Seitenlast konnte durch Drehen einer Spindel geregelt und über eine hydraulische Kraftmeßdose mittels eines Manometers gemessen werden (Abb.13).

A b b i l d u n g   13
Vorrichtung zum Aufbringen und Messen einer Seitenlast auf Schleifscheiben

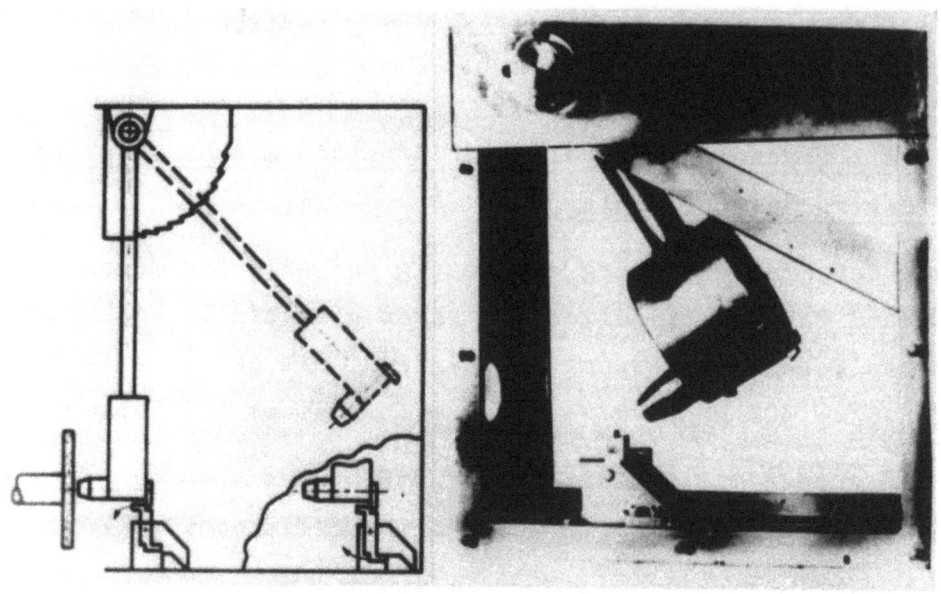

Abbildung 14
Fallhammer zur Prüfung auf Schlagempfindlichkeit

Im Versuch hielten Klebverbindung und Schleifkörper selbst bei einer Umfangsgeschwindigkeit von v = 80 m/s (Betriebsumfangsgeschwindigkeit 45 m/s) noch der durch die Vorrichtung aufbringbaren höchsten Seitenlast von 130 kg stand. Das entsprach einem Biegemoment von M_b = 10,4 mkg.

Einer weiteren Steigerung der Umfangsgeschwindigkeit bei gleichbleibender höchster Seitenlast war durch Versagen der Druckrolle eine Grenze gesetzt.

Die Prüfung auf <u>Schlagempfindlichkeit</u> wurde gleichfalls im Prüfstand für schnellumlaufende Werkzeuge, und zwar mittels eines Fallhammers (Abb.14), vorgenommen, der so angeordnet war, daß der Schlag entsprechend der Prüfung auf Seitenlast am Scheibenrand erfolgte.

Die Schlagarbeit A_s wurde bei gleichbleibender Betriebsumfangsgeschwindigkeit von v = 45 m/s solange gesteigert, bis bei

$$A_s = 1,17 \ [m/kg]$$

die Schleifscheibe zu Bruch ging. Die Klebverbindung blieb dabei unbeschädigt.

Hannover, den 25.Februar 1958

Dipl.-Ing. Klaus GREINER

Literaturverzeichnis

[1] WOLFRAM, W.   Betrachtungen und Versuche zum Problem Schleifen
Diss.TH.Berlin-Charlottenburg, Dezember 1944

[2]   Mitteilungen aus dem Laboratorium für Werkzeugmaschinen und Betriebslehre der TH Aachen über das Problem Schleifen
Aachen Juni 1951

[3] MÜNNICH, H.   Beitrag zur Sicherheit umlaufender Schleifkörper
Diss. TH. Hannover 1956

[4] KRUG, H.J.   Die Schnittkräfte beim Flachschleifen
Werkstattstechnik und Maschinenbau, Jahrgang 1957, Heft 1

[5] SCHLESINGER, G.   Versuche über die Leistung von Schmirgel- und Karborundumscheiben bei Wasserzuführung
Mitt. u.Forsch.Arbt., Heft 43,(1907), Berlin: Springer

[6] BORNEMANN, A.   Prüfung und Beurteilung von Schleifscheiben auf Grund Ihres Verhaltens bei verschiedenen Geschwindigkeiten
Diss. TH.Dresden 1931

[7] SALJÉ, E.   Grundlagen des Schleifvorganges
Werkstatt und Betrieb $\underline{86}$ (1953)

FORSCHUNGSBERICHTE
DES LANDES NORDRHEIN-WESTFALEN

Herausgegeben durch das Kultusministerium

BAU · STEINE · ERDEN

HEFT 36
Forschungsinstitut der Feuerfest-Industrie, Bonn
Untersuchungen über die Trocknung von Rohton, Untersuchungen über die chemische Reinigung von Silika- und Schamotte-Rohstoffen mit chlorhaltigen Gasen
1953, 60 Seiten, 5 Abb., 5 Tabellen, DM 11,—

HEFT 37
Forschungsinstitut der Feuerfest-Industrie, Bonn
Untersuchungen über den Einfluß der Probenvorbereitung auf die Kaltdruckfestigkeit feuerfester Steine
1953, 40 Seiten, 2 Abb., 5 Tabellen, DM 7,80

HEFT 59
Forschungsinstitut der Feuerfest-Industrie e. V., Bonn
Ein Schnellanalysenverfahren zur Bestimmung von Aluminiumoxyd, Eisenoxyd und Titanoxyd in feuerfestem Material mittels organischer Farbreagenzien auf photometrischem Wege
Untersuchungen des Alkali-Gehaltes feuerfester Stoffe mit dem Flammenphotometer nach Riehm-Lange
1954, 52 Seiten, 12 Abb., 3 Tabellen, DM 11,60

HEFT 76
Max-Planck-Institut für Arbeitsphysiologie, Dortmund
Arbeitstechnische und arbeitsphysiologische Rationalisierung von Mauersteinen
1954, 52 Seiten, 12 Abb., 3 Tabellen, DM 10,20

HEFT 81
Prüf- und Forschungsinstitut für Ziegeleierzeugnisse, Essen-Kray
Die Einführung des großformatigen Einheits-Gitterziegels im Lande Nordrhein-Westfalen
1954, 54 Seiten, 2 Abb., 2 Tabellen, DM 10,—

HEFT 90
Forschungsinstitut der Feuerfest-Industrie, Bonn
Das Verhalten von Silikasteinen im Siemens-Martin-Ofengewölbe
1954, 62 Seiten, 15 Abb., 11 Tabellen, DM 11,90

HEFT 91
Forschungsinstitut der Feuerfest-Industrie, Bonn
Untersuchungen des Zusammenhanges zwischen Leistung und Kohlenverbrauch von Kammeröfen zum Brennen von feuerfesten Materialien
1954, 42 Seiten, 6 Abb., DM 8,30

HEFT 106
ORR. Dr.-Ing. W. Küch, Dortmund
Untersuchungen über die Einwirkung von feuchtigkeitsgesättigter Luft auf die Festigkeit von Leimverbindungen
1954, 60 Seiten, 10 Abb., 6 Tabellen, DM 11,40

HEFT 111
Fachverband Steinzeugindustrie, Köln
Die Entwicklung eines Gerätes zur Beschickung seitlicher Feuer von Steinzeug-Einzelkammeröfen mit festen Brennstoffen
1955, 46 Seiten, 16 Abb., DM 9,40

HEFT 127
Güteschutz Betonstein e. V., Arbeitskreis Nordrhein-Westfalen, Dortmund
Die Betonwaren-Gütesicherung im Lande Nordrhein-Westfalen
1955, 58 Seiten, 15 Abb., 3 Tabellen, DM 11,50

HEFT 142
Dipl.-Ing. G. M. F. Wiebel, Hannover, A. Konermann und A. Ottenheym, Sennelager
Entwicklung eines Kalksandleichtsteines
1955, 38 Seiten, 4 Abb., DM 8,—

HEFT 149
Dr.-Ing. K. Konopicky und Dipl.-Chem. P. Kampa, Bonn
I. Beitrag zur flammenphotometrischen Bestimmung des Calciums
Dr.-Ing. K. Konopicky, Bonn
II. Die Wanderung von Schlackenbestandteilen in feuerfesten Baustoffen
1955, 54 Seiten, 10 Abb., 5 Tabellen, DM 11,—

HEFT 180
Dr.-Ing. W. Piepenburg, Dipl.-Ing. B. Bübling und Bauing. J. Behnke, Köln
Putzarbeiten im Hochbau und Versuche mit aktiviertem Mörtel und mechanischem Mörtelauftrag
1955, 116 Seiten, 31 Abb., 68 Tabellen, DM 23,—

HEFT 213
Dipl.-Ing. K. F. Rittinghaus, Aachen
Zusammenstellung eines Meßwagens für Bau- und Raumakustik
1957, 96 Seiten, 17 Abb., 7 Tabellen, DM 19,80

HEFT 223
Dr.-Ing. K. Alberti und Dozent Dr. phil. habil. F. Schwarz, Köln
Über das Problem Hartbrand-Weichbrand
1956, 54 Seiten, 25 Abb., 14 Tabellen, DM 12,10

HEFT 231
ORR. Dr.-Ing. W. Küch, Dortmund
Über die Wechselwirkung zwischen Holzschutzbehandlung und Verleimung
1956, 48 Seiten, 10 Abb., 8 Tabellen, DM 10,40

HEFT 250
Dozent Dr. phil. habil. F. Schwarz und Dr.-Ing. K. Alberti, Köln
Entwicklung von Untersuchungsverfahren zur Gütebeurteilung von Industriekalken
1956, 36 Seiten, 9 Abb., 4 Tabellen, DM 16,50

HEFT 266
Fliesen-Beratungsstelle Bad Godesberg-Mehlem
Güteeigenschaften keramischer Wand- und Bodenfliesen und deren Prüfmethoden
1956, 32 Seiten, DM 7,10

HEFT 319
Prof. Dr. C. Kröger, Aachen
Gemengereaktionen und Glasschmelze
1957, 118 Seiten, 53 Abb., 16 Tabellen, DM 26,—

HEFT 370
Dr. phil. habil. F. Schwarz, Köln
Physikochemische Grundlagen der Bildsamkeit von Kalken unter Einbeziehung des Begriffes der aktiven Oberfläche
1958, 90 Seiten, 14 Abb., 16 Tabellen, 36 Titrationen DM 25,10

HEFT 398
Prof. Dr. habil. H. E. Schwiete und Dipl.-Ing. G. Geisdorf, Aachen,
Einlagerungsversuche an synthetischem Mullit I
Prof. Dr. habil. H. E. Schwiete, A. K. Bose und Dr. phil. H. Müller-Hesse, Aachen
Die Zusammensetzung der Schmelzphase in Schamottesteinen I
1957, 58 Seiten, 17 Abb., 17 Tab., DM 14,50

HEFT 399
Prof. Dr. phil. habil. H. E. Schwiete und Dr.-Ing. R. Vinkeloe, Aachen
Möglichkeiten der quantitativen Mineralanalyse mit dem Zählrohrgerät unter besonderer Berücksichtigung der Mineralgehaltsbestimmung von Tonen
1958, 102 Seiten, 34 Abb., 1 Tabelle, DM 26,70

HEFT 402
Prof. Dr. habil. W. Linke, Aachen
Die Wärmeübertragung durch Thermopane-Fenster
1958, 30 Seiten, 17 Abb., 2 Tabellen, DM 10,80

HEFT 430
Prof. Dr. G. Garbotz, Aachen und Dr.-Ing. G. Dress, Cadiz
Untersuchungen über das Kräftespiel an Flachbagger-Schneidwerkzeugen in Mittelsand und schwach bindigem, sandigem Schluff unter besonderer Berücksichtigung der Planierschilde und ebenen Schürfkübelschneiden
1958, 142 Seiten, 81 Abb., DM 37,50

HEFT 453
Forschungsinstitut der Feuerfest-Industrie, Bonn
Die Arbeiten der technisch-wissenschaftlichen Kommission der PRE (Vereinigung der europäischen Feuerfest-Industrie)
1957, 62 Seiten, 9 Abb., 18 Tabellen, DM 14,75

HEFT 454
Dr.-Ing. W. Piepenburg, Dipl.-Ing. B. Bübling und Bauing. J. Behnke, Köln
Haftfestigkeit der Putzmörtel
1958, 130 Seiten, 6 Abb., 63 Tabellen, DM 28,30

HEFT 482
Dipl.-Ing. R. Pels-Leusden und Dr. K. Bergmann, Essen
Die Frostbeständigkeit von Ziegeln; Einflüsse der Materialzusammensetzung und des Brandes
1958, 70 Seiten, 31 Abb 5 Tabellen, DM 20,45

HEFT 484
Prof. Dr. phil. habil. H. E. Schwiete und Dr. G. Franzen, Aachen
Beitrag zur Struktur des Montmorillonit
1958, 76 Seiten, 23 Abb., DM 22,—

HEFT 488
Prof. Dr. phil. habil. H. E. Schwiete, Aachen und Dipl.-Chem. H. Westmark, Recklinghausen
Beitrag zur Kennzeichnung der Texturen von Schamottesteinen
1958, 48 Seiten, 34 Abb., 7 Tabellen, DM 16,80

HEFT 528
Dipl.-Chem. Dr. P. Ney, Köln
Physikochemische Grundlagen der Bildsamkeit von Kalken unter Einbeziehung des Begriffs der aktiven Oberfläche
Dr. F. Schwarz, Köln
Kristallchemische Betrachtung der Bildsamkeit
1958, 96 Seiten, 34 Abb., 6 Tabellen, DM 26,75

HEFT 543
Prof. Dr. phil. habil. H. E. Schwiete, Dr. phil. H. Müller-Hesse und Dipl.-Ing. G. Gelsdorf, Aachen
Einlagerungsversuche an synthetischem Mullit. Teil II
1958, 28 Seiten, 5 Abb., 10 Tabellen, DM 10,—

HEFT 544
Prof. Dr. phil. habil. H. E. Schwiete, Dr.-Ing. A. K. Bose und Dr. phil. H. Müller-Hesse, Aachen
Die Schmelzphase in Schamottesteinen. Teil II
1958, 30 Seiten, 9 Abb., 12 Tab., DM 11,—

HEFT 545
Prof. Dr. phil. habil. H. E. Schwiete, Dr. rer. nat. G. Ziegler und Dipl.-Ing. Ch. Kliesch, Aachen
Thermochemische Untersuchungen über die Dehydration des Montmorillonits
1958, 48 Seiten, 16 Abb., 4 Tabellen, DM 15,40

HEFT 553
Prof. Dr. rer. pol. G. Garbotz und Dipl.-Ing. J. Theiner, Aachen
Untersuchungen der Walzverdichtungsvorgänge auf Lößlehm, Kies und Schotter
1959, 286 Seiten, 208 Abb., DM 58,—

HEFT 559
Prof. Dr. phil. habil. H. E. Schwiete und Dipl.-Chem. R. Gauglitz, Aachen
Die Verflüssigung von Montmorillonitschlämmen
1958, 66 Seiten, 15 Abb., 5 Tabellen, DM 19,30

HEFT 634
Institut für Ziegelforschung Essen e. V., Essen-Kray
Verminderung der Streuungen, der Festigkeit und der Sprödigkeit von Ziegeln
1958, 94 Seiten, 36 Abb., 18 Tabellen, DM 24,30

HEFT 643
Max-Planck-Institut für Silikatforschung, Würzburg
Spannungsmessungen an Schleifkörpern
1958, 38 Seiten, 22 Abb., DM 11,70

HEFT 651
Dr.-Ing. A. Eisenberg, Dortmund
Versuche zur Körperschalldämmung in Gebäuden
1958, 26 Seiten, 20 Abb., DM 8,10

HEFT 688
Prof. Dr. H.-E. Schwiete und Dipl.-Ing. A. Schüffler, Aachen
Entwicklung einer elektrisch beheizten Apparatur zur Messung von Wärmeleitfähigkeiten feuerfester Materialien bei hohen Temperaturen
1959, 42 Seiten, 16 Abb., DM 11,60

HEFT 689
Prof. Dr. H.-E. Schwiete und Dipl.-Chem. H. Westmark, Aachen
Die Wärmeleitfähigkeit feuerfester Steine im Spiegel der Literatur
1959, 54 Seiten, 35 Abb., DM 16,30

HEFT 695
Dr.-Ing. W. Herding, München
Die Fahrdynamik und das Arbeitsspiel gleisloser Erdbaugeräte als Kalkulationsgrundlage für die Bodenförderung und ihre Kosten

HEFT 711
Dr.-Ing. K. Alberti, Köln
Einfluß der chemischen Zusammensetzung des Anmachewassers auf die Festigkeit von Kalkmörteln
1959, 50 Seiten, 4 Abb., 20 Tabellen, DM 13,10

HEFT 713
Dr.-Ing. E. Menzenbach, Aachen
Die Anwendbarkeit von Sonden zur Prüfung der Festigkeitseigenschaften des Baugrundes
1959, 216 Seiten, 190 Abb., 24 Tabellen, DM 52,—

HEFT 734
Dipl.-Ing. H. Adam, Hannover
Arbeitstechnische und arbeitsphysiologische Untersuchungen zur Erleichterung der Maurerarbeit
1959, 56 Seiten, 15 Abb., mehr. Tab., DM 15,60

Ein Gesamtverzeichnis der Forschungsberichte, die folgende Gebiete umfassen, kann bei Bedarf vom Verlag angefordert werden:

Acetylen / Schweißtechnik – Arbeitspsychologie und -wissenschaft – Bau / Steine / Erden – Bergbau – Biologie – Chemie – Eisenverarbeitende Industrie – Elektrotechnik / Optik – Fahrzeugbau / Gasmotoren – Farbe / Papier / Photographie – Fertigung – Gaswirtschaft – Hüttenwesen / Werkstoffkunde – Luftfahrt / Flugwissenschaften – Maschinenbau – Medizin / Pharmakologie / Physiologie – NE-Metalle – Physik – Schall / Ultraschall – Schiffahrt – Textiltechnik / Faserforschung / Wäschereiforschung – Turbinen – Verkehr – Wirtschaftswissenschaften.

If you have any concerns about our products,
you can contact us on
ProductSafety@springernature.com

In case Publisher is established outside the EU,
the EU authorized representative is:
Springer Nature Customer Service Center GmbH
Europaplatz 3, 69115 Heidelberg, Germany

Printed by Libri Plureos GmbH
in Hamburg, Germany